Είναι η Πραγματικότητα Πραγματική;

Εξερευνώντας τα Μυστήρια της Φυσικής και της Φιλοσοφίας

Skye Alden

22 Lions

Είναι η Πραγματικότητα Πραγματική; Εξερευνώντας τα Μυστήρια της Φυσικής και της Φιλοσοφίας

Γράφτηκε από τον Skye Alden

Ευρετήριο

Εισαγωγή

Είναι η πραγματικότητα πραγματική; Αυτή η ερώτηση βρίσκεται στο επίκεντρο της ανθρώπινης περιέργειας εδώ και αιώνες και σε διαφορετικές κουλτούρες. Αυτό το βιβλίο προσκαλεί τον αναγνώστη σε ένα ταξίδι για να εξερευνήσει αυτό το μυστήριο μέσα από το πρίσμα της κβαντικής φυσικής, της φιλοσοφίας και της αρχαίας σοφίας. Από τον παράξενο χορό των υποατομικών σωματιδίων, όπου οι πιθανότητες συγχέονται μέχρι να παρατηρηθούν, έως τις διαχρονικές αντιλήψεις της σπηλιάς του Πλάτωνα και τις διδασκαλίες του ινδουισμού και του βουδισμού, αυτό το βιβλίο υφαίνει μια αφήγηση που αμφισβητεί όλα όσα νομίζουμε ότι γνωρίζουμε.

Η πραγματικότητα, όπως φαίνεται, μπορεί να μην είναι τόσο σταθερή όσο φανταζόμαστε. Η επιστήμη αποκαλύπτει ένα σύμπαν πιθανοτήτων που διαμορφώνεται από την παρατήρηση και τη συνείδηση. Οι πνευματικές παραδόσεις το επαναλαμβάνουν αυτό, υποδηλώνοντας ότι οι αντιλήψεις μας κρύβουν μια βαθύτερη αλήθεια αλληλοσύνδεσης. Μαζί, αυτές οι προοπτικές μας προσκαλούν να αμφισβητήσουμε τα όρια του κόσμου που βλέπουμε και αγγίζουμε. Πώς οι επιλογές, η συνείδηση και η συμπόνια μας διαμορφώνουν όχι μόνο την εμπειρία μας, αλλά και την ίδια τη δομή της ύπαρξης;

Αυτό το βιβλίο δεν ασχολείται μόνο με ιδέες, αλλά και με τη μεταμόρφωση. Εξερευνώντας την αλληλεπίδραση μεταξύ νου, υλικότητας και νοήματος, προσφέρει εργαλεία για να δούμε πέρα από τις ψευδαισθήσεις, να αγκαλιάσουμε τις αβεβαιότητες της ζωής και να ανακαλύψουμε ένα σύμπαν γεμάτο δυνατότητες. Εάν σας ελκύουν τα μυστήρια της επιστήμης ή η αρχαία σοφία, αυτό το ταξίδι σας προκαλεί να ξανασκεφτείτε την πραγματικότητα και να βρείτε τη θέση σας μέσα στα θαύματα του σύμπαντος, που βρίσκονται σε συνεχή εξέλιξη.

Κεφάλαιο 1: Αποκαλύπτοντας τη σκιά της πραγματικότητας

Εμπιστευόμαστε τον κόσμο γύρω μας επειδή φαίνεται σταθερός, αξιόπιστος και σταθερός. Η Γη μας στηρίζει χωρίς να παραπονιέται. Ο ουρανός εκτείνεται πολύ πέρα από την εμβέλειά μας. Ο χρόνος περνάει χωρίς να αποτυγχάνει. Αυτές οι βεβαιότητες σπάνια μας οδηγούν σε αμφισβήτηση. Ωστόσο, μόνο για μια στιγμή, προσπαθήστε να απομακρυνθείτε από αυτές τις βεβαιότητες. Φανταστείτε ότι το στερεό έδαφος, ο ουρανός από πάνω και ακόμη και το πρόσωπο που σας κοιτάζει στον καθρέφτη μπορεί να μην περιέχουν την αλήθεια που υποθέτετε.

Αυτό είναι ένα ζήτημα με το οποίο η ανθρωπότητα αγωνίζεται εδώ και πολύ καιρό. Η ιστορία του Πλάτωνα για τους αλυσοδεμένους φυλακισμένους μέσα σε μια σπηλιά αντηχεί εδώ και χιλιετίες. Μπορούσαν να δουν μόνο σκιές στους τοίχους της σπηλιάς. Αυτές οι σκιές αποτελούσαν ολόκληρο τον κόσμο τους. Αρνούνταν να πιστέψουν σε οτιδήποτε άλλο πέρα από αυτές. Αυτό που ο Πλάτωνας ονόμασε «ορατό βασίλειο» ήταν, στην πραγματικότητα, μια σκιά κάτι βαθύτερου. Τώρα, η επιστήμη ρίχνει ένα εκπληκτικό φως στην ιστορία του Πλάτωνα, με μια ανατροπή. Οι σκιές δεν είναι τόσο σταθερές ή απλές όσο πιστεύαμε. Η πραγματικότητα στην οποία στηριζόμαστε μοιάζει λιγότερο με μια σταθερή σκηνή και περισσότερο με ένα συνεχώς μεταβαλλόμενο πεδίο, που συνεχώς ξεδιπλώνεται και απομακρύνεται από την εμβέλειά μας.

Η κβαντική φυσική έχει ανατρέψει τις παλιές μας ιδέες για το πώς λειτουργεί ο κόσμος. Στις μικρότερες κλίμακες, αυτό που θεωρούσαμε στερεά αντικείμενα διαλύεται σε πιθανότητες. Σκεφτείτε ένα νόμισμα που περιστρέφεται. Όσο βρίσκεται στον αέρα, δεν είναι ούτε γράμματα ούτε γράμματα. Και οι δύο καταστάσεις υπάρχουν ταυτόχρονα, μέχρι το νόμισμα να πέσει. Τα σωματίδια συμπεριφέρονται με πολύ παρόμοιο τρόπο. Περιέχουν πολλά πιθανά αποτελέσματα ταυτόχρονα, παγιδευμένα σε ένα θόλωμα, μέχρι κάτι — η πράξη της παρατήρησης — να καταρρεύσει αυτό το θόλωμα σε μια μοναδική εμπειρία. Αυτό αμφισβητεί την ιδέα ότι τα πράγματα υπάρχουν με σταθερό και μόνιμο τρόπο. Αντίθετα, υποδεικνύει μια πραγματικότητα που εξαρτάται από τη δική μας συμμετοχή για να πάρει ζωή. Το να βλέπεις δεν είναι μόνο να αντιλαμβάνεσαι τι είναι, αλλά, κατά κάποιον τρόπο, να κάνεις αυτό που είναι.

Αν τα μικρότερα σωματίδια της υλικότητας δεν σταθεροποιούνται σε μια μοναδική αλήθεια, τι σημαίνει αυτό για τον κόσμο που αγγίζουμε, τα δέντρα, τους ανθρώπους, τα αστέρια; Μερικοί φυσικοί υποδηλώνουν ότι ένα τεράστιο πλέγμα δυνατοτήτων ξεφυτρώνει με κάθε επιλογή και ανάσα — άπειροι κόσμοι εκτείνονται κάτω από αυτό που ονομάζουμε σπίτι. Η συνείδηση μπορεί να είναι το νήμα που υφαίνει ένα μονοπάτι από όλες αυτές τις διακλαδισμένες δυνατότητες, επιλέγοντας την εμπειρία που ονομάζουμε «ζωή». Το να βλέπεις κάτι, λοιπόν, σημαίνει επίσης να το επιλέγεις και, με αυτόν τον τρόπο, να διαμορφώνεις την πραγματικότητα. Αυτή η ιδέα έχει απήχηση πολύ πέρα από τη φυσική, καθώς ανάγεται στην αρχαία σοφία.

Στον ινδουισμό, διδάσκεται η Μάγια, μια ψευδαίσθηση που καλύπτει την αληθινή φύση όλων των πραγμάτων. Η Μάγια μας οδηγεί να πιστεύουμε ότι ο διαχωρισμός, ο πόνος και η αλλαγή είναι σταθερές πραγματικότητες. Ο Βουδισμός, από την άλλη πλευρά, δείχνει ότι όλα τα πράγματα είναι συνδεδεμένα, σε συνεχή κίνηση και ποτέ πραγματικά χωριστά. Σωματίδια που χωρίζονται από γαλαξίες παραμένουν μυστηριωδώς συνδεδεμένα: αυτό το φαινόμενο ονομάζεται σύμπλεξη. Αυτό που οι πνευματικές παραδόσεις ισχυρίζονταν εδώ και χιλιάδες χρόνια αποκαλύπτεται τώρα μέσω της γλώσσας της επιστημονικής ανακάλυψης. Γιατί είναι σημαντικό αυτό; Επειδή το να προσκολλούμαστε στην ιδέα ενός σταθερού και εξωτερικού κόσμου μπορεί να μας κρατήσει σε κύκλους προσκόλλησης και πόνου. Όταν οι άνθρωποι, τα αγαθά ή οι ρόλοι στους οποίους βασιζόμαστε εξαφανίζονται, η απώλεια μοιάζει με πτώση σε ένα άβυσσο.

Η αναγνώριση της ρευστότητας της πραγματικότητας χαλαρώνει αυτούς τους δεσμούς. Αυτό μας επιτρέπει να χαλαρώσουμε την προσκόλλησή μας στη μονιμότητα, να υποδεχτούμε την αλλαγή αντί να τη φοβόμαστε και να δούμε ότι αυτό που συναντάμε μπορεί να είναι μόνο μέρος μιας ευρύτερης εξέλιξης. Αυτή η αντίληψη μας κάνει επίσης πιο ταπεινούς. Για αιώνες, πιστεύαμε ότι ο νους μπορούσε να λύσει όλους τους κόμπους και να ελέγξει τη φύση κατά βούληση. Η κβαντική αβεβαιότητα, ωστόσο, επιμένει στο αντίθετο.

Όσο περισσότερο σταθεροποιείς ένα μέρος της πραγματικότητας, τόσο λιγότερο σίγουρο γίνεται ένα άλλο.

Το να παρατηρείς κάτι δεν σημαίνει μόνο να το ανακαλύπτεις, αλλά και να το αλλάζεις. Αυτή η αβέβαιη βεβαιότητα διαπερνά επίσης την κατανόηση των μυστικιστών. Ο νους προσπαθεί να κατανοήσει το άπειρο. Οι εμπειρίες κοντά στο θάνατο συμβάλλουν με τη δική τους προοπτική σε αυτή την ιστορία. Οι αναφορές περιγράφουν την έξοδο από το σώμα, τη συνάντηση με ένα λαμπερό φως γεμάτο αγάπη και την αίσθηση μιας βαθιάς ενότητας. Μερικοί επιμένουν ότι δεν είναι παρά ψευδαισθήσεις του εγκεφάλου. Ωστόσο, για όσους βιώνουν τέτοιες εμπειρίες, αυτές οι στιγμές σπάνε τα όρια της καθημερινής πραγματικότητας και υποδηλώνουν μια αλήθεια που υπερβαίνει την απλή υλικότητα. Υπονοείται ότι η ζωή εκτείνεται πέρα από αυτό — σε βασίλεια που δεν βλέπουμε, αλλά ίσως μπορούμε να αγγίξουμε.

Αν ο κόσμος γύρω μας είναι ένα είδος ψευδαίσθησης, προκύπτει το ερώτημα: γιατί να μας απασχολεί αυτό; Ορισμένες διδασκαλίες υποστηρίζουν ότι η ζωή είναι ένα σχολείο για την ψυχή. Η ανάπτυξη απαιτεί συνειδητοποίηση. Μέχρι να αφυπνιστούμε, τα κάγκελα της φυλακής της ψευδαίσθησης φαίνονται στερεά. Αυτά τα κάγκελα έχουν δύο μορφές. Η μία σχηματίζεται από τα έθιμα, τους κανόνες και τις προσδοκίες που μας επιβάλλει η κοινωνία. Η άλλη είναι πιο κρυφή: το ψεύτικο εγώ, που πιστεύει ότι είναι ξεχωριστό και κρατιέται φυλακισμένο από το φόβο και την επιθυμία. Μαζί, μας κρατούν περιορισμένους. Η ελευθερία αρχίζει όταν συνειδητοποιούμε ότι έχουμε μια επιλογή. Τα κλειδιά είναι στα χέρια σας, περιμένοντας να τα πάρετε.

Η απελευθέρωση δεν είναι γρήγορη ούτε εύκολη. Απαιτεί ειλικρίνεια με τον εαυτό σας και υπομονή για το ταξίδι. Σιγά-σιγά, βγάζουμε τις μάσκες, τις προσποιήσεις και τους ρόλους, και κάθε στρώση που αφαιρείται αποκαλύπτει περισσότερη σαφήνεια. Αυτός ο δρόμος έχει πολλά ονόματα — το ταξίδι του ήρωα, ο δρόμος της ψυχής —, αλλά η ουσία του παραμένει η ίδια: να βγείτε από τη ζώνη άνεσής σας, να αντιμετωπίσετε το άγνωστο και να επιστρέψετε με μια σοφία που αγγίζει τους ανθρώπους. Η πραγματική ελευθερία δεν είναι να ξεφύγεις από τον κόσμο, αλλά να δεις πέρα από τα πέπλα του. Όσοι ξυπνούν ξεπερνούν την κοινή ζωή, φτάνοντας σε ανοιχτές και λαμπρές καταστάσεις, όπου η χαρά και η ενότητα ρέουν φυσικά. Ακόμα κι έτσι, το ταξίδι δεν τελειώνει ποτέ. Η ελευθερία ξεδιπλώνεται σαν λουλούδι, αποκαλύπτοντας νέα βάθη και μυστήρια. Η ψευδαίσθηση και η αλήθεια συνυπάρχουν. Το πέπλο που μας κρύβει προσφέρει επίσης καθοδήγηση αν τολμήσουμε να κοιτάξουμε από κοντά. Ο Ρούμι είπε: «Μην στεναχωριέσαι. Ό,τι έχασες θα επιστρέψει με άλλη μορφή». Αυτή η διάθεση να εγκαταλείψουμε τη βεβαιότητα μπορεί να ανοίξει τις πόρτες για μια βαθύτερη κατανόηση.

Κεφάλαιο 2: Η ζωή ως ιερό σχολείο

Η ζωή στη Γη είναι κάτι περισσότερο από τύχη ή ατύχημα. Σκεφτείτε την ως ένα μεγάλο σχολείο. Οι ψυχές έρχονται εδώ όχι για να ξεκουραστούν ή να ικανοποιήσουν παροδικές επιθυμίες, αλλά για να μεγαλώσουν μέσα από την εμπειρία. Αυτή δεν είναι μια νέα ιδέα, που ψιθυρίζεται διακριτικά σε μια γωνιά του κόσμου. Είναι παρούσα σε πολλές θρησκείες και παραδόσεις, αρχαίες και σύγχρονες. Κάθε μία προσφέρει έναν διαφορετικό τρόπο να μιλήσει για αυτό το ταξίδι, αλλά όλες υποδεικνύουν κάτι σημαντικό: η ζωή μας δοκιμάζει, μας διαμορφώνει και μας οδηγεί να κατανοήσουμε πιο βαθιά τον εαυτό μας.

Βλέπουμε τον κόσμο ως κάτι σταθερό, αλλά αυτό είναι μόνο ένα μικρό μέρος της πραγματικότητας. Τόσο η επιστήμη όσο και η πνευματικότητα υποδηλώνουν ότι αυτό που ονομάζουμε φυσικό είναι μόνο ένα πέπλο. Ο διάσημος φυσικός Μαξ Πλανκ δήλωσε κάποτε ότι «όλη η ύλη προέρχεται και υπάρχει μόνο χάρη σε μια δύναμη». Αυτή η δύναμη είναι αόρατη στα μάτια μας, αλλά είναι παρούσα σε όλα όσα αγγίζουμε και βλέπουμε. Αυτό δεν είναι μόνο ένα επιστημονικό γεγονός, αλλά και μια αντανάκλαση αυτού που διδάσκουν πολλές θρησκείες: ο κόσμος που γνωρίζουμε κρύβει μια μεγαλύτερη αλήθεια.

Οι ινδουιστικές διδασκαλίες μιλούν για το Σαμσάρα, έναν κύκλο γέννησης, θανάτου και αναγέννησης. Ωστόσο, δεν πρόκειται για μια ατελείωτη επανάληψη. Το πραγματικό καθήκον της ψυχής είναι να γίνεται πιο σοφή σε κάθε ζωή. Κάθε ζωή είναι μια ευκαιρία να απαλλαγούμε από παλιά πρότυπα και να πλησιάσουμε την αφύπνιση. Οι αρχαίοι Ουπανισάδες μας λένε: «Όπως κάποιος ενεργεί και συμπεριφέρεται, έτσι και γίνεται. Όποιος κάνει το καλό, γίνεται καλός».

Αρχίζουμε να καταλαβαίνουμε πώς η ζωή είναι μια δασκάλα, που μας ωθεί προς τα εμπρός με τρόπους που δεν καταλαβαίνουμε πάντα εκείνη τη στιγμή. Στον βουδισμό, ο πόνος έχει έναν σαφή ρόλο. Δεν είναι τιμωρία, αλλά ένα σημάδι και ένα μάθημα. Ο Βούδας επεσήμανε την προσκόλληση ως τη ρίζα του πόνου: «Χάνεις μόνο αυτό στο οποίο προσκολλάσαι». Εδώ, ο πόνος μας διδάσκει ότι η προσκόλληση σε πράγματα που αλλάζουν προκαλεί πόνο. Όταν ηρεμούμε το μυαλό και ανοίγουμε την καρδιά μας, η ειρήνη ανθίζει. Αυτός ο δρόμος μας ενθαρρύνει να έχουμε απαλότητα απέναντι στη ζωή και να αποκοπούμε από τα δεσμά. Μας προσφέρει ένα μονοπάτι προς την ελευθερία, που δεν βρίσκεται έξω, αλλά μέσα μας.

Σύμφωνα με τον γνωστικισμό, οι ψυχές μας είναι σπίθες παγιδευμένες σε ένα ατελές σύμπαν που δημιουργήθηκε από μια κατώτερη δύναμη. Αυτός ο θεός, που ονομάζεται Δημιουργός, μας εμποδίζει να δούμε την πραγματική πηγή φωτός μέσα μας. Η έξοδος ονομάζεται γνώση — μια βαθιά γνώση που αφαιρεί την ψευδαίσθηση και επιστρέφει στο πνεύμα το δικαίωμα που του ανήκει εκ γενετής. Είναι μια υπενθύμιση ότι, κάτω από τους καθημερινούς αγώνες, μια εσωτερική αλήθεια περιμένει να ανακαλυφθεί. Το Κοράνι μιλά ανοιχτά για τη ζωή ως μια δοκιμασία, γνωστή στα αραβικά ως fitnah. Δεν πρόκειται για μια μικρή δοκιμασία: διαπερνά ψεύτικα στρώματα και δείχνει ποιος παραμένει σταθερός στην πίστη και την υπομονή. «Και σίγουρα θα σας δοκιμάσουμε με κάτι από φόβο, πείνα, απώλεια πλούτου, ζωών και καρπών», λέει η Σούρα Αλ-Μπακάρα 2:155.

Οι αυτόχθονες λαοί προσφέρουν μια άλλη οπτική, βασισμένη στην ίδια τη φύση. Η Γη είναι ζωντανή και ιερή, γεμάτη πνεύματα και υφασμένη από σχέσεις. Η θεραπεία δεν προέρχεται μόνο από τη θεραπεία του ατόμου, αλλά από την αποκατάσταση της αρμονίας μέσα στην κοινότητα και τη Γη. Αυτές οι διδασκαλίες μας ενθαρρύνουν να «περπατάμε με ευγένεια», σεβόμενοι τις φωνές των προγόνων, των δέντρων, των ποταμών και των άλλων. Η Γη είναι η δασκάλα και η σύντροφός μας, ένας καθρέφτης αυτού που είναι κρυμμένο μέσα μας. Αν και αυτές οι πεποιθήσεις προέκυψαν σε πολύ διαφορετικούς τόπους και εποχές, φέρουν μια ουσιαστική αλήθεια. Η ζωή είναι πολύτιμη. Είναι η σύντομη και απαιτητική ευκαιρία μας να ξεπεράσουμε τις αδυναμίες μας και να συνδεθούμε με κάτι μεγαλύτερο. Πρόκειται για μια αργή διαδικασία, γεμάτη εμπόδια και στιγμές που ο δρόμος φαίνεται βαρύς. Ωστόσο, υπάρχει βοήθεια — μερικές φορές από μέσα μας, μερικές φορές μέσω οδηγών, ψιθυρισμών ηθικής ή ακόμα και στιγμών σιωπής που μας κρατούν προσγειωμένους.

Τα σύγχρονα παραμύθια αντηχούν αυτή την αρχαία σοφία. Σκεφτείτε, για παράδειγμα, την ταινία Matrix, που παρουσιάζει τη ζωή ως μια προσομοίωση στην οποία οι ψυχές περιπλανιούνται τυφλά μέχρι να ξυπνήσουν. Αυτές οι ιστορίες μας υπενθυμίζουν ότι η πραγματικότητα δεν είναι πάντα αυτό που φαίνεται και ότι η συνείδηση έχει τη δύναμη να αλλάξει τα πάντα. Μερικές προειδοποιούν ότι το να εστιάζουμε υπερβολικά σε αυτή τη ζωή μας απομακρύνει από το να ζούμε το τώρα. Ωστόσο, το να βλέπουμε τη Γη ως σχολείο αλλάζει αυτή την προοπτική. Κάθε στιγμή έχει σημασία. Η ζωή μας καλεί να την αντιμετωπίσουμε με ανοιχτά μάτια, αγκαλιάζοντας τον πόνο μαζί με τη χαρά. Μόνο οι άνθρωποι έχουν την ελευθερία της επιλογής και μπορούν να κλίνουν προς το φόβο ή την αγάπη, τη σκληρότητα ή την καλοσύνη, τη σοφία ή την άγνοια. Αυτή η ελευθερία διαμορφώνει όχι μόνο το ατομικό πεπρωμένο, αλλά και το μέλλον του κόσμου.

Οι περισσότερες πνευματικές οδοί συμφωνούν ότι ο πυρήνας του σύμπαντος είναι καλός. Οι δυσκολίες λειτουργούν ως εργαλεία ενός γλύπτη, αφαιρώντας τα τραχιά μέρη για να αποκαλύψουν το φως από κάτω. Ο αγαπημένος ποιητής Ρούμι το εξέφρασε με τη διάσημη φράση του: «Η πληγή είναι το μέρος από όπου το φως εισέρχεται μέσα σου». Οι αγώνες μας είναι ανοίγματα, όχι κλεισίματα. Το να ζούμε αυτή τη σοφία ξυπνά την περιέργεια. Κι αν όλες οι δυσκολίες ήταν δάσκαλοι και όχι βάρος; Αντί να παλεύουμε με τον πόνο ή να προσκολλούμαστε στην άνεση, θα μπορούσαμε να αναρωτηθούμε: τι προσπαθεί να μου δείξει αυτή η στιγμή; Ποιο μέρος του εαυτού μου χρειάζεται φροντίδα;

Η αληθινή ευτυχία δεν βρίσκεται στην κατοχή πραγμάτων ή στην αναζήτηση επιφανειακών χαρών. Βρίσκεται στο να ζούμε με αυτό που έχει μεγαλύτερη σημασία. Το να μοιραζόμαστε αυτό που έχουμε φωτίζει το δρόμο για τους άλλους, συμβάλλοντας στην αφύπνισή τους. Μερικοί ξυπνούν γρήγορα, ενώ άλλοι χρειάζονται πολλές ζωές για να το κάνουν. Η υπομονή και η εμπιστοσύνη μας κρατούν σταθερούς.

Κεφάλαιο 3: Η δύναμη της συνειδητής επιλογής

Η ελευθερία της επιλογής βρίσκεται σιωπηλά μέσα σε όλους μας. Μερικές φορές φαίνεται ελαφριά, σαν ένα δώρο που λάμπει στο σκοτάδι. Άλλες φορές, βαραίνει σαν αλυσίδα γύρω από την καρδιά. Σε έναν πλανήτη που συχνά μοιάζει με παγίδα για το πνεύμα, η ελεύθερη βούληση είναι το μικρό εργαλείο στο οποίο κρατιόμαστε. Όχι μόνο για να αποφασίσουμε πού θα πάμε, αλλά και για να διαμορφώσουμε το ποιοι θα γίνουμε. Το να έχουμε ελεύθερη βούληση σημαίνει να βαδίζουμε σε μονοπάτια που κανείς δεν έχει χαράξει ξεκάθαρα πριν από εμάς. Είναι η πράξη της επιλογής με σκοπό. Αυτό μας διαφοροποιεί από τον υπόλοιπο ζωντανό κόσμο. Ενώ τα ζώα ακολουθούν πρότυπα που καθοδηγούνται από την επιβίωση, εμείς σταματάμε και λέμε: «Εγώ θα αποφασίσω». Αυτό κάνει όλη τη διαφορά. Ωστόσο, τι σημαίνει πραγματικά αυτή η ελευθερία; Κάποιοι υποψιάζονται ότι είναι απλώς μια ψευδαίσθηση, μια ιστορία που επινοεί ο εγκέφαλός μας για να νιώθουμε ασφαλείς.

Η επιστήμη μας λέει ότι κάθε επιλογή έχει μια αιτία, μια αλυσιδωτή αντίδραση που ανάγεται στο παρελθόν. Η βιολογία, η φυσική και η τεράστια μηχανή του σύμπαντος φαίνεται να μην αφήνουν χώρο για πραγματική ελευθερία. Ωστόσο, άλλες φωνές παραμένουν σταθερές, υποστηρίζοντας ότι η ελευθερία σπάει όλα αυτά τα υποτιθέμενα δεσμά.

Μεταξύ αυτών των απόψεων, υπάρχει μια σιωπηλή αλήθεια: η ελευθερία υπάρχει στον τρόπο που βλέπουμε τους εαυτούς μας. Όπως εξηγεί ο φιλόσοφος Daniel Dennett στο Freedom Evolves, η πραγματική ελευθερία αυξάνεται όταν κατανοούμε τις δυνάμεις που μας περιβάλλουν και, παρόλα αυτά, κάνουμε μια επιλογή. Κοιτάζοντας πιο προσεκτικά, η επιστήμη αποκαλύπτει κάτι παράξενο. Στις πιο μικροσκοπικές κλίμακες, η φύση αρνείται να συμπεριφέρεται ως προβλέψιμα γρανάζια. Η κβαντική φυσική υποδεικνύει την τυχαιότητα, μια ρήξη στον μηχανισμό. Μερικοί στοχαστές φαντάζονται ότι οι νου μας εμπνέονται από αυτή την τυχαιότητα. Οι πολλές πιθανές διαδρομές στενεύουν μέχρι να επιλέξουμε μία. Η ελευθερία, επομένως, δεν είναι μια εξέγερση ενάντια στους κανόνες της φύσης, αλλά ένας χορός μέσα στα κενά που αφήνουν. Όπως είπε ο φυσικός και κάτοχος του βραβείου Νόμπελ Niels Bohr: «Η πρόβλεψη είναι πολύ δύσκολη, ειδικά όταν πρόκειται για το μέλλον». Σε αυτή τη δυσκολία βρίσκεται η πόρτα για την επιλογή.

Οι παραδόσεις της αρχαίας σοφίας αντιμετωπίζουν επίσης την ελευθερία με αυτόν τον τρόπο. Οι ινδουιστικές διδασκαλίες εξηγούν το κάρμα ως τη φυσική ροή της αιτίας και του αποτελέσματος, αλλά δεν ισχυρίζονται ότι το πεπρωμένο μας είναι προκαθορισμένο. Εμείς κρατάμε το τιμόνι: κάθε στιγμή, οι πράξεις μας διαμορφώνουν το μέλλον. Ο Βούδας δίδαξε ότι η πρόθεση σπέρνει τους σπόρους για το μέλλον, υφαίνοντας ένα πεδίο στο οποίο η αλλαγή είναι πάντα δυνατή. «Ό,τι είμαστε είναι αποτέλεσμα των σκέψεών μας», είπε. Αυτό σημαίνει ότι το παρελθόν έχει σημασία, αλλά δεν μας αλυσοδένει για πάντα. Ακόμα και αν τα βάρη μας γίνουν βαριά, κάθε δευτερόλεπτο έχουμε μια νέα ευκαιρία να αλλάξουμε. Οι Γνωστικοί προσφέρουν μια άλλη οπτική γωνία. Για αυτούς, ο φυσικός κόσμος είναι μια δοκιμασία, ένα μέρος που προκαλεί όλες τις ψυχές. Η ελευθερία είναι το εργαλείο που μας επιτρέπει να δούμε πέρα από τις ψευδαισθήσεις και να ανυψωθούμε προς την αλήθεια.

Ωστόσο, αυτή η δύναμη είναι επικίνδυνη. Η ίδια ελευθερία που προσφέρει την αφύπνιση μπορεί να οδηγήσει σε σύγχυση και λάθος. Γι' αυτό, δίνουν έμφαση στη βαθιά εσωτερική γνώση, έναν πυξίδα που δείχνει πέρα από την επιφάνεια. Ο Σίγκμουντ Φρόιντ αποκάλυψε ότι μεγάλο μέρος του μυαλού μας ζει στις σκιές, καθοδηγούμενο από επιθυμίες και φόβους κρυμμένους από το βλέμμα μας.

Η επιστήμη του εγκεφάλου πηγαίνει ακόμη πιο μακριά, δείχνοντας ότι συχνά κάνουμε επιλογές πριν ακόμη τις αισθανθούμε. Αυτό κλονίζει τα θεμέλια της ελευθερίας. Είμαστε πραγματικά στον έλεγχο ή είμαστε μαριονέτες ενός αόρατου χεριού; Μερικοί λένε ότι το πνεύμα υπερβαίνει την εμβέλεια του εγκεφάλου, διαφεύγοντας εκεί όπου η επιστήμη δεν φτάνει. Η διαλογισμός δημιουργεί ένα κενό μεταξύ της παρόρμησης και της δράσης. Το να καθόμαστε σιωπηλά, παρατηρώντας τις σκέψεις και τα συναισθήματα χωρίς να βιαζόμαστε, φέρνει ηρεμία και διαύγεια. Έτσι δημιουργείται ένας χώρος όπου η ελευθερία μπορεί να αναπνεύσει. Η προσευχή ή το τελετουργικό μας ανοίγουν σε κάτι μεγαλύτερο και μας θυμίζουν ότι η επιλογή γίνεται πλουσιότερη όταν βυθίζεται στην εμπιστοσύνη και την ανοιχτότητα.

Αν ο κόσμος μπορεί να μοιάζει με φυλακή, η ελεύθερη βούληση είναι το κλειδί που εμποδίζει τα κάγκελα να κλείσουν. Χωρίς αυτήν, η ζωή περιορίζεται στην επιβίωση, μονότονη και περιορισμένη. Ωστόσο, μέσα στην ελευθερία, υπάρχει ένα κάλεσμα που υπερβαίνει την απλή ύπαρξη, προς την αγάπη, τη δικαιοσύνη, τη δημιουργικότητα και τη σοφία. Κάθε στιγμή απαιτεί μια επιλογή. Μερικές βαθύνουν τη σκιά, τροφοδοτώντας το φόβο και την απληστία. Άλλες, όμως, σπάνε τα εμπόδια και χτίζουν γέφυρες εμπιστοσύνης και φροντίδας. Η ευθύνη είναι πραγματική: κάθε πράξη μετράει. Μπορεί να μας οδηγήσει σε μια παγίδα ή σε μεγαλύτερη ελευθερία. Το να περπατάμε ανάμεσα στην ελευθερία και την παράδοση μπορεί να μοιάζει με περπάτημα σε τεντωμένο σχοινί. Έχουμε δύναμη, αλλά ο έλεγχος είναι περιορισμένος. Καμία προσπάθεια δεν μπορεί να εγγυηθεί πλήρως αυτό που επιδιώκουμε. Ο πόνος δεν μπορεί πάντα να αποφευχθεί. Η αποδοχή αυτής της πραγματικότητας δημιουργεί μια ήρεμη δύναμη που ρέει με τις αλλαγές και τα άγνωστα μέλλοντα.

Η παράδοση δεν σημαίνει ήττα. Μας επιτρέπει να εμπιστευόμαστε τα ρεύματα της ζωής, ακόμα και όταν επικρατεί χάος. Ο χριστιανισμός το διδάσκει αυτό μέσω της πράξης της παραίτησης. Το να αφήνουμε τα πράγματα να κυλήσουν και να ακολουθούμε την καθοδήγηση του Θεού σημαίνει να εγκαταλείπουμε τους εγωιστικούς μας σχεδιασμούς και να αγκαλιάζουμε μια ευρύτερη ζωή. Οι μυστικιστές αναφέρονται σε αυτή την ανοιχτότητα ως χάρη. Ο ποιητής Ρούμι το εκφράζει πολύ καλά: «Μην αντιστέκεσαι στις αλλαγές που εμφανίζονται στο δρόμο σου. Αντ' αυτού, άσε τη ζωή να ζήσει μέσα από εσένα. Και μην ανησυχείς αν η ζωή σου αναποδογυρίζει. Πώς ξέρεις ότι η πλευρά στην οποία είσαι συνηθισμένος είναι καλύτερη από αυτή που έρχεται;».

Κεφάλαιο 4: Ακολουθώντας τον δρόμο της αρετής

Ο σημερινός κόσμος μας τραβά σε αμέτρητες κατευθύνσεις, πιο γρήγορα και πιο έντονα από ποτέ. Το να βρούμε σταθερό έδαφος φαίνεται πιο δύσκολο όταν όλα ταλαντεύονται κάτω από τα πόδια μας. Η επιλογή να ξυπνήσουμε και να ενεργούμε με προσοχή είναι ο τρόπος με τον οποίο ανακτούμε τη δύναμή μας καθώς προχωράμε σε αυτόν τον ελικοειδή δρόμο. Κάθε μέρα προσφέρει μια νέα αρχή. Ξεκινήστε παρατηρώντας τι λάμπει στο μυαλό και στην καρδιά σας. Ποιες σκέψεις ανάβουν τη φαντασία σας; Ποιες συναισθήματα αναδύονται; Ρωτήστε τον εαυτό σας ποιες πεποιθήσεις είναι αληθινές και ποιες σκοτεινιάζουν ή θολώνουν την όρασή σας. Μην βιαστείτε. Σκεφτείτε προσεκτικά τις επιλογές σας. Πώς θα σας επηρεάσουν οι ενέργειές σας; Πώς θα επηρεάσουν τους άλλους; Τα λάθη δεν είναι εχθροί. Είναι δάσκαλοι με σκληρό πρόσωπο.

Στην οικοδόμηση των δεσμών μας με τους άλλους, ο σεβασμός και η ενσυναίσθηση είναι οι ρίζες. Κανείς από εμάς δεν ταξιδεύει μόνος. Όταν αυτές οι ρίζες βαθαίνουν, η ελευθερία παύει να είναι μια απλή ιδέα και γίνεται μια ζωντανή πραγματικότητα. Περνάμε από φύλλα που παρασύρονται από το ρεύμα σε δημιουργούς που πλοηγούνται στα ρεύματα που κινούν τον κόσμο. Αυτό το ταξίδι δεν είναι ποτέ εύκολο. Υπάρχουν εκπλήξεις στις στροφές — κάθε βήμα αξίζει περισσότερο από την απόσταση που διανύεται. Η πραγματική ελευθερία δεν βρίσκεται στο να ξεφεύγουμε από τα εμπόδια, αλλά στο να τα ξεπερνάμε, τιμώντας τη φλόγα που μας κάνει διαφορετικούς και, ταυτόχρονα, μας ενώνει με την απέραντη παρουσία της ζωής.

Η ηθική δεν είναι ένα βιβλίο με αυστηρούς κανόνες για το τι πρέπει και τι δεν πρέπει να κάνουμε, που μεταδίδεται ως νομικός κώδικας. Σκεφτείτε την, αντίθετα, ως έναν χάρτη που έχει σχεδιαστεί για την ψυχή. Μας καθοδηγεί σε δύσβατα τοπία και μας οδηγεί στην ανάπτυξη και την ευθύνη. Έτσι, αναδύεται μια ιερή ελευθερία, που δεν διαμορφώνεται από αλυσίδες ή τείχη, αλλά από το δικό μας εσωτερικό κάλεσμα. Τα όρια της ζωής δεν είναι μόνο περιορισμοί. Μας καλούν να κοιτάξουμε πέρα από τον εαυτό μας, να ακούσουμε την διαίσθησή μας και να αντιμετωπίσουμε τα ζητήματα του σωστού και του λάθους. Αυτή η πάλη διευρύνει την ψυχή. Η ηθική βρίσκει την ισορροπία μεταξύ αυτού που χρειάζεται ένα άτομο και αυτού που εξαρτάται μια ευρύτερη κοινότητα.

Κάθε βήμα είναι σημαντικό, ακόμα και τα μικρά, που ίσως δεν αντιλαμβανόμαστε ότι θα έχουν μακροπρόθεσμες επιπτώσεις. Οι επιλογές μας δημιουργούν κύματα που ταλαντεύουν ή κλονίζουν το πλοίο. Οι αρχαίες παραδόσεις το κατάλαβαν αυτό από νωρίς. Το ινδουιστικό ντάρμα εμφανίζεται ως ένας τρόπος ζωής σε αρμονία με την παγκόσμια αλήθεια: να αλλάζεις και να υποκλίνεσαι σαν ποτάμι, για να διατηρείς την αρμονία όλων. Οι κομφουκιανιστικές διδασκαλίες μιλούν για το ρέν και το λί: όχι μόνο κανόνες, αλλά πράξεις καλοσύνης και κατάλληλοι τρόποι συμπεριφοράς που χτίζουν την αρετή και διατηρούν την κοινωνία σταθερή. Η επιστήμη μας έδειξε ότι η φύση μας τείνει προς τη δικαιοσύνη, την ομαδική εργασία και την καλοσύνη. Αυτό δεν είναι τυχαίο. Το να ζούμε σε στενή συνύπαρξη για πολλές γενιές διαμόρφωσε τον εγκέφαλό μας να νιώθει τους άλλους, μοιράζοντας πόνο και χαρά. Τα νευρικά κύτταρα-καθρέφτες ανοίγουν τις πόρτες για τη συμπόνια και την ενοχή. Αυτές οι δύο δίδυμες πυξίδες μας οδηγούν στη βοήθεια και την αποκατάσταση.

Η κουλτούρα δημιουργεί στρώματα συγκεκριμένων τρόπων και κανόνων που προσαρμόζουν αυτά τα συναισθήματα στον τόπο και τον χρόνο. Έτσι, η ηθική υφαίνεται από τη βιολογία και τη μάθηση, διαμορφώνοντας τον τρόπο με τον οποίο συμπεριφερόμαστε ο ένας στον άλλον. Ωστόσο, η εμβέλεια της ηθικής είναι βαθύτερη. Δοκιμάζει την ψυχή με δύσκολες επιλογές που μας οδηγούν σε αντίθετους δρόμους. Σκεφτείτε το περίφημο δίλημμα του τραμ. Ένα τρένο εκτός ελέγχου θα σκοτώσει πέντε άτομα, εκτός αν τραβήξετε ένα μοχλό για να το εκτρέψετε σε άλλη γραμμή, όπου θα πεθάνει ένα άτομο. Τι θα κάνατε; Το ερώτημα θέτει αντιμέτωπη την ένταση μεταξύ του να εξυπηρετήσετε τον μεγαλύτερο αριθμό ατόμων και του να ακολουθήσετε τους κανόνες χωρίς να τους παραβείτε. Η ζωή μας παρουσιάζει πολλές καταστάσεις, όπως το να επιπλήξουμε έναν φίλο για ένα λάθος ή να αντιταχθούμε στην αδικία. Όλες αυτές οι στιγμές μας κάνουν να σκεφτόμαστε τα συναισθήματα, τα αποτελέσματα και πού βρίσκεται η πραγματική ευθύνη. Κάθε επιλογή αφήνει ένα ίχνος. Το κάρμα που ακολουθεί δεν είναι τιμωρία, αλλά μια δύναμη, όπως η βαρύτητα. Οι καλές πράξεις φέρνουν ευλογίες και νέες ευκαιρίες, ενώ τα λάθη φέρνουν προκλήσεις που έχουν ως στόχο να μας διδάξουν χωρίς να μας βλάψουν.

Οι ιστορίες που αφορούν περιστατικά που παραλίγο να οδηγήσουν σε θάνατο το αντικατοπτρίζουν αυτό με σαφήνεια. Συχνά, οι άνθρωποι βλέπουν τις ζωές τους να επαναλαμβάνονται όχι μόνο μέσα από τα δικά τους μάτια, αλλά και μέσα από τα μάτια εκείνων που άγγιξαν τις ζωές τους, δείχνοντας πώς όλες είναι αλληλένδετες. Δάκρυα πέφτουν για τη ζημιά που προκλήθηκε. Ευγνωμοσύνη ρέει για την καλοσύνη που έλαβαν. Αυτές οι στιγμές ανοίγουν τις καρδιές και μεταμορφώνουν την εσωτερική όραση. Ωστόσο, το ηθικό υπόβαθρο του σήμερα είναι υφασμένο με διαφορετικό τρόπο. Η τεχνολογία, οι παγκόσμιες συνδέσεις και οι μεταβαλλόμενες κουλτούρες αναδιαμορφώνουν τις παλιές γραμμές. Τα παζλ γίνονται μεγαλύτερα. Το απλό σωστό και λάθος δεν αρκεί. Χρειαζόμαστε μια νοοτροπία που να πηγαίνει πέρα και να ακούει βαθιά πολλές φωνές. Ο ηθικός σχετικισμός υφαίνει ένα λεπτό νήμα: οι αξίες υποκύπτουν στον χρόνο και τον τόπο. Αυτό προσκαλεί σε σεβασμό, αλλά υπάρχει ο κίνδυνος να χαλαρώσουν οι δεσμοί που κρατούν τους ανθρώπους και τις κοινότητες ενωμένους. Ωστόσο, η ηθική παραμένει ένας σιωπηλός οδηγός στο λαβύρινθο που ξετυλίγεται. Θέτει τα θεμέλια της καλοσύνης, της ταπεινότητας, του θάρρους και της σοφίας. Αυτά είναι τα εργαλεία που ανοίγουν τις πόρτες στην ελευθερία.

Η αντιμετώπιση αυτών των προκλήσεων αφαιρεί τα παχιά στρώματα του εγώ, αποκαλύπτοντας μια σπίθα κάτι θεϊκού. Όπως η φωτιά του αλχημιστή που μετατρέπει το σίδερο σε χρυσό, η ψυχή λάμπει μέσα από τις δοκιμασίες. Η ελευθερία δεν ανθίζει αγνοώντας τα όρια. Αναπτύσσεται κυριαρχώντας τα. Όταν οι επιθυμίες μας ευθυγραμμίζονται με το καλό για όλους, τα εμπόδια εξαφανίζονται και ο διαχωρισμός απαλύεται. Οι ψυχές πλησιάζουν την αληθινή ελευθερία όταν ξεπερνούν τον εαυτό τους. Αυτό το ταξίδι μας ζητά να χαλαρώσουμε τον έλεγχο, να παραδοθούμε και να εμπιστευτούμε τα μεγαλύτερα ρεύματα που ρέουν γύρω μας. Το να ακολουθήσουμε αυτόν τον δρόμο σημαίνει να ζούμε με ειλικρίνεια. Αφήστε τις πράξεις σας να αντικατοπτρίζουν την αλήθεια σας. Σκεφτείτε τι κρύβεται από κάτω. Καταπολεμήστε τα άδικα συστήματα και καλλιεργήστε τη συμπόνια. Αυτά τα βήματα μας οδηγούν σε μια ζωή όπου η ελευθερία δεν είναι όνειρο, αλλά μια πραγματικότητα που νιώθουμε, που λάμπει συνεχώς ακόμα και μέσα στις καταιγίδες του κόσμου. Όπως είπε ο Βούδας, «καλύτερα από χίλιες κενές λέξεις είναι μια λέξη που φέρνει ειρήνη». Αυτή η ειρήνη εμφανίζεται όταν οι επιλογές μας τιμούν τη ζωή και οι μικρές πράξεις εξαπλώνονται, δημιουργώντας μια σιωπηλή δύναμη.

Κεφάλαιο 5: Σπάζοντας τις Αλυσίδες της Ψευδαίσθησης

Το εγώ και η άγνοια μας φυλακίζουν σε ιστορίες που φαίνονται πραγματικές, αλλά γεννιούνται από τη σύγχυση. Μας κρατούν δεμένους στο φόβο, στον πόνο και στην ψευδαίσθηση ότι είμαστε χωρισμένοι από τα πάντα. Το εγώ είναι η εσωτερική φωνή που ισχυρίζεται ότι ξέρει ποιοι είμαστε. Χτίζεται από αναμνήσεις, επιθυμίες και φόβους. Αυτή η φωνή υφαίνει μια ιστορία του εαυτού, προσποιούμενη ότι είναι σταθερή και αμετάβλητη. Λαχταρά την έγκριση, τη σημασία και το να έχει δίκιο. Ωστόσο, όσο και αν αποκτά, η πείνα παραμένει. Το εγώ υψώνει τείχη μεταξύ μας και των άλλων, κάνοντάς μας να νιώθουμε απομονωμένοι ακόμα και μέσα σε ένα πλήθος. Οι αρχαίες διδασκαλίες επισημαίνουν το ρόλο του εγώ στο να κρύβει την αληθινή μας φύση. Στην ινδουιστική φιλοσοφία, αυτό ονομάζεται ahamkara, η αίσθηση του «εγώ-δημιουργού» που καλύπτει το atman — το αληθινό εγώ από κάτω. Στο βουδισμό, αυτή η τύφλωση ονομάζεται avidya, η άγνοια που κρύβει ποιοι πραγματικά είμαστε. Και οι δύο φιλοσοφίες συμφωνούν ότι η ελευθερία έρχεται μόνο όταν κοιτάξουμε πέρα από αυτό το ψεύτικο εγώ. Αυτό απαιτεί μια προσεκτική προσπάθεια. Στρώμα στρώμα, ξεφλουδίζουμε ό,τι δεν είναι πραγματικό μέχρι να μείνει μόνο το καθαρό και ζωντανό. Ο

Καρλ Γιούνγκ περιέγραψε το εγώ ως το νήμα που υφαίνει την καθημερινή συνείδηση και ταυτότητα. Ωστόσο, μας προειδοποίησε να μην το συγχέουμε με το πλήρες εγώ. Κάτω από την καθημερινή ιστορία βρίσκεται το ασυνείδητο, τα βαθιά μέρη του εαυτού μας που συχνά αποφεύγουμε. Η σύγχρονη επιστήμη δείχνει κάτι παρόμοιο. Το «πρότυπο δίκτυο» του εγκεφάλου εκτελεί ατέλειωτες επαναλήψεις σκέψεων και φόβων που επικεντρώνονται στον εαυτό μας. Όταν αυτό το δίκτυο κυριαρχεί χωρίς διακοπή, προκαλεί άγχος και πόνο. Το να δουλεύουμε με το εγώ σημαίνει να αντιμετωπίζουμε αυτό που συνήθως κρύβουμε: φόβο, ντροπή, θυμό και αμφιβολία. Οι ψυχολόγοι αποκαλούν αυτή τη διαδικασία «εργασία με τη σκιά». Αυτό μπορεί να σημαίνει να γράφουμε τα συναισθήματά μας, να διαλογιζόμαστε σε σιωπή ή να μιλάμε ειλικρινά για ό,τι μας ενοχλεί. Φέρνοντας αυτές τις σκιές στο φως, απελευθερώνουμε την ενέργεια που ήταν παγιδευμένη στο κρησφύγετο. Με τον καιρό, ο έλεγχος του εγώ χαλαρώνει και αναδύεται μια νέα συνείδηση.

Η άγνοια συμβαδίζει με το εγώ, καθιστώντας την παγίδα ακόμα πιο σφιχτή. Αυτή η άγνοια δεν είναι μόνο έλλειψη γνώσης, αλλά ένα βαθύτερο ελάττωμα: η άρνηση να δούμε την πραγματικότητα με σαφήνεια. Μας οδηγεί να πιστεύουμε ότι αυτό που αλλάζει συνεχώς είναι σταθερό. Προσκολλούμαστε σε συναισθήματα που μας διαφεύγουν σαν νερό ανάμεσα στα δάχτυλά μας. Χωρίζουμε τον κόσμο καθαρά σε «εγώ» και «άλλοι», «καλό» και «κακό», ξεχνώντας τη σύνδεση πίσω από αυτές τις ετικέτες. Αυτή η τύφλωση τροφοδοτεί τον πόνο και την ατελείωτη επιθυμία. Η σοφία προσφέρει έναν τρόπο για να βγούμε από αυτή την κατάσταση. Ωστόσο, η σοφία δεν προέρχεται μόνο από τα βιβλία ή τις διδασκαλίες. Ανθίζει όταν δίνουμε μεγάλη προσοχή στη ζωή μας, παρατηρώντας χωρίς να κρίνουμε.

Η διαλογισμός είναι ένα εργαλείο που μας επιτρέπει να αντιλαμβανόμαστε τις σκέψεις και τα συναισθήματα χωρίς να προσκολλούμαστε σε αυτά. Ο νους μαθαίνει σταδιακά ότι τίποτα δεν είναι μόνιμο, ότι όλα ρέουν και ότι τίποτα δεν υπάρχει από μόνο του. Από αυτή την κατανόηση, ανθίζει η καλοσύνη. Όσοι αντιμετωπίζουν το θάνατο συχνά αναφέρουν ένα έντονο αίσθημα ενότητας. Επιστρέφουν στη ζωή διαφορετικοί, πιο αγαπητοί και λιγότερο φοβισμένοι από το τέλος. Αυτές οι στιγμές μας δείχνουν ότι η άγνοια μπορεί να εξαφανιστεί όταν επεκτείνουμε τη συνείδησή μας πέρα από τα συνηθισμένα όρια. Πολλές πνευματικές παραδόσεις προσφέρουν τρόπους για να διαλύσουμε την ομίχλη. Αν και οι μέθοδοι τους είναι διαφορετικές, όλες μοιράζονται τον ίδιο στόχο: να σπάσουν την ψευδαίσθηση για να δουν την ευρύτερη αλήθεια. Ο δρόμος δεν είναι εύκολος. Το εγώ αντιστέκεται, προσπαθώντας να διατηρήσει τον έλεγχο μέσω αμυντικών μηχανισμών και ενοχών. Αυτό απαιτεί δύναμη και υπομονή. Η εξυπηρέτηση των άλλων αποδυναμώνει τα εμπόδια του εγώ. Η καλοσύνη αποσπά την προσοχή από τον εαυτό μας.

Η συμπόνια αυξάνεται όταν αναγνωρίζουμε τους κοινούς αγώνες της ανθρωπότητας. Οι πράξεις εξυπηρέτησης αποκαλύπτουν μια βαθύτερη σύνδεση, όχι κάτι αναγκαστικό, αλλά φυσικό. Δίνοντας, λαμβάνουμε. Η υπηρεσία γίνεται ευλογία και πύλη εισόδου. Σύμφωνα με την κβαντική φυσική, το παρελθόν, το παρόν και το μέλλον μπορούν να υπάρχουν ταυτόχρονα, σαν ένα απέραντο πεδίο στο οποίο οι στιγμές αλληλεπικαλύπτονται, αντί να ευθυγραμμίζονται σε μια ευθεία γραμμή. Αυτό σημαίνει ότι το μέλλον μας διαμορφώνει το παρόν μας, το οποίο με τη σειρά του διαμορφώνει το παρελθόν μας. Οι αρχαίες παραδόσεις το γνωρίζουν αυτό εδώ και αιώνες. Οι ινδουιστικές διδασκαλίες μιλούν για καλπές, τεράστιους κοσμικούς κύκλους που διαρκούν πολύ περισσότερο από την ανθρώπινη ζωή. Η βουδιστική φιλοσοφία διδάσκει ότι οι στιγμές ρέουν μαζί, συνδεδεμένες σαν ποτάμι, χωρίς πραγματική αρχή ή τέλος. Ο χρόνος γίνεται μια ψευδαίσθηση που καλύπτει το αιώνιο τώρα.

Η κοινή αντίληψη περιορίζει την εμπειρία σε μια στιγμή μετά την άλλη, αλλά το να βγούμε από το χρόνο μας επιτρέπει να διακρίνουμε ένα βαθύτερο ρεύμα. Πρέπει να είσαι απόλυτα παρών, απόλυτα εδώ, αλλά και να είσαι ανοιχτός στο άπειρο ρεύμα που υπάρχει από κάτω. Πρόκειται για μια παράξενη ισορροπία: να διατηρείς ταυτόχρονα το χρόνο και την αχρονικότητα, ένα μυστικό για πολλούς. Χωρίς προκαθορισμένο χρονοδιάγραμμα, κάθε ψυχή μαθαίνει να χαράζει το δικό της χάρτη. Δεν υπάρχει εξωτερική πίεση, μόνο μια εσωτερική φωνή που δείχνει το δρόμο. Υπάρχει ελευθερία να δοκιμάσεις πολλούς ρόλους, να ακολουθήσεις διάφορους δρόμους και να μάθεις μαθήματα με το δικό σου ρυθμό. Ωστόσο, αυτή η ελευθερία φέρει ευθύνη. Αν αγνοηθεί, η ψυχή μπορεί να παραμείνει παγιδευμένη στον πόνο ή στη σύγχυση για περισσότερο από όσο χρειάζεται. Οι καθυστερήσεις ή οι αρνήσεις της ανάπτυξης δημιουργούν κόμπους στο δρόμο, μπερδεμένα νήματα που αργότερα πρέπει να ξετυλιχτούν.

Εδώ είναι που η ελεύθερη βούληση ριζώνει. Κάθε επιλογή συμβάλλει σε μια καρμική ισορροπία, ένα βιβλίο καταγραφής πράξεων και συνεπειών. Οι καλές αποφάσεις ανοίγουν πιο ομαλούς δρόμους μπροστά. Οι κακές φέρνουν προκλήσεις και εμπόδια. Ωστόσο, το κάρμα δεν εξηγεί γιατί μερικές ψυχές εξελίσσονται γρήγορα, ενώ άλλες χρειάζονται πολλές ζωές για να το κάνουν. Φτάνουν φορτωμένες με παλιές ιστορίες, κρυμμένα ταλέντα και πληγές του παρελθόντος. Το σημείο από το οποίο ξεκινά κανείς εξαρτάται από αυτή την εσωτερική ωριμότητα σε συνδυασμό με τον κόσμο που τον περιβάλλει — οικογένεια, κουλτούρα, ευκαιρίες που προσφέρονται ή αρνούνται. Αν και ορισμένες συνθήκες φαίνονται καθορισμένες, όπως ο τόπος γέννησης και η σωματική διάπλαση, πολλά περισσότερα εξαρτώνται από τις απαντήσεις σας. Η σωστή επιλογή απαιτεί προσπάθεια. Ορισμένες αποφάσεις πυκνώνουν την ομίχλη, άλλες αποκαλύπτουν την αλήθεια.

Πολλοί περιπλανιούνται τυφλά. Ο φόβος και η απληστία τους οδηγούν σε ακόμα μεγαλύτερο πόνο. Ωστόσο, δεν υπάρχει κανείς να κατηγορήσουν. Η αυτονομία του καθενός γράφει την ιστορία του — κεφάλαιο προς κεφάλαιο — χωρίς σενάριο. Δεν υπάρχει σταθερό χρονοδιάγραμμα, κάτι που είναι τόσο δώρο όσο και δοκιμασία. Το να ξεπεράσεις τον κύκλο της γέννησης και του θανάτου οδηγεί σε καταστάσεις χαράς και ενότητας που δεν επηρεάζονται από τα εγκόσμια όρια. Ακόμα κι έτσι, αυτή η ελευθερία συνεχίζει να εξελίσσεται. Ο δρόμος δεν τελειώνει ούτε σταματά ποτέ. Ρέει.

Για να ζήσετε έτσι, καλλιεργήστε την υπομονή, την εμπιστοσύνη και την παράδοση. Η υπομονή βοηθά στις δύσκολες στιγμές, εμποδίζοντας την απώλεια της ελπίδας. Η εμπιστοσύνη σας επιτρέπει να απελευθερωθείτε από τον έλεγχο κάθε στιγμής, κάτι που φέρνει ανακούφιση μετά από τόση μάχη. Η παράδοση δεν σημαίνει να τα παρατάτε, αλλά να ρέετε με τα ρεύματα της ζωής, δηλαδή να επιλέγετε ενώ αφήνεστε να παρασυρθείτε. Αυτές οι ιδιότητες υποστηρίζουν τη μετάβαση στην αχρονικότητα με ειρήνη και ισορροπία. Αμφισβητήστε τις πεποιθήσεις που μπορεί να σας οδηγήσουν σε λάθη. Ο φόβος της αποτυχίας περιορίζει την ανάπτυξη, ενώ τα λάθη διευρύνουν τη μάθηση. Σκεφτείτε τακτικά τις προθέσεις σας και καθαρίστε το μυαλό σας από την ομίχλη. «Η βασιλεία του Θεού είναι μέσα σας» (Λουκάς 17:21), μια αρχαία αλήθεια που ειπώθηκε πριν από πολύ καιρό, μας υπενθυμίζει ότι αυτή η εσωτερική συνείδηση μας οδηγεί πέρα από το χρόνο. Εφαρμόζοντας αυτό, η έλλειψη χρονοδιαγράμματος παύει να είναι παγίδα και γίνεται πρόσκληση. Ο δρόμος σας γίνεται πραγματικά δικός σας, διαμορφωμένος από επιλογές και βασισμένος στην ενότητα. Τα εμπόδια παραμένουν, αλλά κάθε βήμα σας οδηγεί μπροστά με νόημα. Όπως λέει η Μπαγκαβάτ Γκίτα: «Έχετε το δικαίωμα να εργάζεστε, αλλά ποτέ το δικαίωμα στον καρπό της εργασίας» (Μπαγκαβάτ Γκίτα 2.47). Το να εγκαταλείψετε τα αποτελέσματα απελευθερώνει το πνεύμα σας, επιτρέποντάς του να κινείται με μεγαλύτερη ευκολία. Η ψυχή σας προχωρά με το δικό της ρυθμό — και με κάθε βήμα, φτάνετε.

Κεφάλαιο 6: Υπερβαίνοντας την κυριαρχία του φόβου

Ο φόβος ζει σιωπηλά ανάμεσά μας, διαμορφώνοντας τον τρόπο με τον οποίο κινούμαστε, σκεφτόμαστε και αισθανόμαστε, χωρίς πάντα να αποκαλύπτεται. Δημιουργεί αόρατα εμπόδια γύρω από τη ζωή μας, εμποδίζοντάς μας να φτάσουμε στην πληρότητα του ποιοι πραγματικά είμαστε. Στην ουσία του, ο φόβος γεννιέται από την αίσθηση ότι δεν έχουμε αρκετά — είτε πρόκειται για δύναμη, σύνδεση ή ασφάλεια — και μας λέει να συγκρατηθούμε, να παραμείνουμε μικροί και να προστατεύσουμε τα λίγα που έχουμε. Τόσο τα αρχαία κείμενα όσο και οι σύγχρονες φωνές μας προειδοποιούν: ο φόβος θέλει να μας κρατήσει προσκολλημένους στον πόνο και αποσυνδεδεμένους από την βαθύτερη αλήθεια του είναι μας.

Ο εγκέφαλός μας είναι προγραμματισμένος να ανταποκρίνεται στον κίνδυνο. Αυτό δεν είναι τυχαίο. Βαθιά μέσα μας, μια μικρή περιοχή που ονομάζεται αμυγδαλή ενεργοποιεί συναγερμούς που στέλνουν ενέργεια σε όλο το σώμα, προετοιμάζοντάς μας να πολεμήσουμε ή να φύγουμε. Για τους προγόνους μας που ζούσαν στη ζούγκλα, αυτή η αντίδραση ήταν ζωτικής σημασίας για την επιβίωσή τους. Σήμερα, το ίδιο σύστημα ενεργοποιείται ακόμα και όταν δεν υπάρχει πραγματικός κίνδυνος — όπως ιδρωμένα χέρια πριν από μια ομιλία ή ένα κόμπο στο λαιμό σε κοινωνικές εκδηλώσεις. Οι πρώτες έρευνες στον τομέα της νευροεπιστήμης του Warren McCulloch μας υπενθυμίζουν ότι ο εγκέφαλος εξελίχθηκε για να προστατεύει πρώτα απ' όλα τη ζωή. Το πρόβλημα αρχίζει όταν αυτά τα παλιά μέτρα προστασίας αντιδρούν σε σύγχρονες απειλές. Το αποτέλεσμα είναι ένα συνεχές βουητό άγχους, που θολώνει το μυαλό μας και μειώνει την αίσθηση ασφάλειας.

Ο φόβος δεν είναι μόνο ένα εσωτερικό ζήτημα. Παίζει επίσης ρόλο έξω από εμάς. Οι κοινωνίες τον χρησιμοποιούν από καιρό ως μοχλό για να μας κατευθύνουν. Οι κυβερνήσεις και τα μέσα ενημέρωσης συχνά αυξάνουν την ένταση του φόβου, μετατρέποντάς τον σε ένα εργαλείο που χωρίζει αντί να ενώνει. Τρομακτικές ιστορίες για έλλειψη, εξωτερικούς εχθρούς και απειλές που απαιτούν πίστη αποσπούν την προσοχή μας από την ήρεμη φωνή μέσα μας. Αυτό μας οδηγεί να αναζητούμε έγκριση ή ασφάλεια σε κόσμους χτισμένους πάνω στη σύγκριση και τη δυσπιστία. Αυτό που διδάσκουν οι μυστικιστές είναι απλό: ο φόβος τροφοδοτείται από τον διαχωρισμό. Το αντίδοτο είναι να θυμόμαστε την κοινή μας ανθρωπότητα. Ο Φρόιντ ήταν ένας από τους πρώτους που αποκάλυψε πόσο παρών είναι ο φόβος κάτω από την επιφάνεια, μπλεγμένος σε αναμνήσεις και ασυνείδητες παρορμήσεις που μόλις κατανοούμε. Η σύγχρονη νευροεπιστήμη ακολουθεί αυτόν τον δρόμο, χαρτογραφώντας τον τρόπο με τον οποίο οι φόβοι αναδύονται πριν καν αντιληφθούμε το σημάδι.

Εδώ προκύπτουν ερωτήματα σχετικά με τον ελεύθερο βούληση. Αν τόσο από αυτά που φοβόμαστε προέρχονται από μέρη του εγκεφάλου που είναι αόρατα στη συνειδητή σκέψη, τι δύναμη έχουμε τελικά; Μπορούμε να είμαστε κάτι περισσότερο από μαριονέτες που χορεύουν στο ρυθμό των βιοχημικών χορδών ή υπάρχει κάτι πιο μυστηριώδες μέσα στο ανθρώπινο πνεύμα; Αυτό το μυστήριο βρίσκεται στο επίκεντρο πολλών πνευματικών μονοπατιών. Όταν ο φόβος μεγαλώνει, μπορούμε να μάθουμε να κάνουμε ένα βήμα πίσω, να τον παρατηρούμε και να τον αντιμετωπίζουμε με ηρεμία. Η προσευχή και τα τελετουργικά χρησιμεύουν επίσης ως γέφυρες, συνδέοντάς μας με κάτι μεγαλύτερο — είτε είναι ο Θεός, η παγκόσμια ζωή ή ο ίδιος ο ρυθμός της ύπαρξης. Σε αυτές τις στιγμές, ο φόβος χάνει τη δύναμή του, καθώς δεν συναντά αντίσταση. Φανταστείτε τη Γη ως μια τεράστια αίθουσα στην οποία ο φόβος κλειδώνει την πόρτα. Χωρίς αυτόν, η ζωή θα φαινόταν εύθραυστη και κενή. Είναι ο φόβος που δίνει επείγοντα χαρακτήρα και νόημα στις εμπειρίες μας. Είναι αυτός που μας προκαλεί να αναπτυχθούμε πέρα από τη ζώνη άνεσής μας προς τη δικαιοσύνη, την αγάπη και τη δημιουργικότητα.

Εδώ, η ελευθερία είναι η ικανότητα να βλέπεις καθαρά τι χωρίζει και τι ενώνει. Αυτό είναι διάκριση: να αναγνωρίζεις τους δρόμους που οδηγούν στην απομόνωση ή στην κοινότητα. Η ιστορία φέρει βαριά σημάδια από επιλογές που υποκινήθηκαν από το φόβο και έφεραν πόνο. Αυτοκρατορίες χτισμένες πάνω στην καταπίεση, συγκρούσεις που τροφοδοτήθηκαν από την καχυποψία και περιβαλλοντικές καταστροφές που προκλήθηκαν από την απληστία: όλα ξεκινούν με το ψίθυρο του φόβου. Ο ταοϊσμός διδάσκει ότι «ο σοφός άνθρωπος δεν συσσωρεύει θησαυρούς. Όσο περισσότερο δίνει στους άλλους, τόσο περισσότερο έχει για τον εαυτό του». Το κλειδί είναι να ακολουθείς τη ροή των πραγμάτων, χωρίς να πιέζεις. Αυτό δεν είναι αδυναμία, αλλά δύναμη που πηγάζει από την αρμονία.

Η ζωή σήμερα τρέχει, αλλάζει και μας πιέζει, συχνά με σκληρό και γρήγορο τρόπο. Ωστόσο, προσφέρει επίσης στιγμές για να λάμψει το θάρρος. Παρατηρήστε τον εσωτερικό σας διάλογο και αναρωτηθείτε ποιες ιστορίες σας κρατούν αιχμάλωτους. Αναρωτηθείτε τι νομίζετε ότι πρέπει να είστε ή να έχετε για να νιώθετε πλήρεις. Σκεφτείτε πώς κάθε επιλογή σας φέρνει πιο κοντά ή σας απομακρύνει από τους άλλους. Χτίστε σχέσεις βασισμένες στον σεβασμό και την ευγένεια. Αυτές οι πράξεις συσσωρεύονται, μετατρέποντας τον φόβο σε καύσιμο. Όπως είπε ο 14ος Δαλάι Λάμα: «Όταν μας κινητοποιεί η συμπόνια και η σοφία, τα αποτελέσματα των πράξεών μας ωφελούν εμάς τους ίδιους και τους άλλους».

Κεφάλαιο 7: Το Μυστήριο της Συνείδησης

Στον βουδισμό, πιστεύεται ότι η συνείδηση ρέει μέσα από τις ζωές, διαμορφωμένη από το κάρμα, που είναι οι πράξεις και οι σκέψεις μας. Ο Βούδας δήλωσε: «Εσύ ο ίδιος, όσο και οποιοσδήποτε άλλος στο σύμπαν, αξίζεις την αγάπη και την στοργή σου» (Sutta Nipata). Η συνειδητοποίηση αυτού μπορεί να μας απελευθερώσει από τον πόνο, τη σύγχυση και την παγίδα των ψευδαισθήσεων του εγώ. Η πραγματική ελευθερία βρίσκεται στο να χαλαρώσουμε τον έλεγχο του «εγώ και δικό μου» και να νιώσουμε το νήμα που συνδέει όλη τη ζωή. Οι σύγχρονες έρευνες με ψυχεδελικά, όπως η ψιλοκυβίνη και το DMT, ανοίγουν ξανά τις πόρτες σε αυτές τις αρχαίες αλήθειες. Το Johns Hopkins, ένα κορυφαίο κέντρο ψυχεδελικών μελετών, ανακάλυψε ότι αυτές οι εμπειρίες μπορούν να διαλύσουν τον φόβο και να ανακουφίσουν την κατάθλιψη.

Οι άνθρωποι συχνά αναφέρουν συναντήσεις με όντα, γεωμετρίες και τοπία που δεν αποτελούν μέρος της καθημερινής ζωής. Αν και οι επικριτές αποδίδουν αυτό το φαινόμενο σε χημικές ουσίες που αλλοιώνουν τον εγκέφαλο, ίσως αυτές οι ουσίες αποκαλύπτουν κρυφές αίθουσες του νου, επιτρέποντας τη διέλευση των πέπλων της καθημερινής αντίληψης. Οι εξωσωματικές εμπειρίες και η «απομακρυσμένη όραση» πηγαίνουν ακόμη πιο μακριά. Υπάρχουν τεκμηριωμένες ιστορίες ανθρώπων που περιέγραψαν μέρη και γεγονότα που δεν θα μπορούσαν να έχουν μάθει με κανονικά μέσα. Η επιστήμη συνάντησε αυτό το φαινόμενο όταν το μυστικό πρόγραμμα Stargate του Ψυχρού Πολέμου συνέλεξε αναφορές από ανθρώπους που «έβλεπαν» μακρινά μέρη χωρίς να κουνήσουν ούτε μυ. Η συγκέντρωση επέκτεινε το μυαλό πέρα από τις φυσικές αισθήσεις. Τέτοιες στιγμές αμφισβητούν τον απλό υλισμό. Μας κάνουν να αναρωτιόμαστε: τι θα γινόταν αν η συνείδηση πραγματικά ταξίδευε πέρα από το σώμα; Αν η συνείδηση επιβιώνει μετά το θάνατο, χάνει τον τρόμο της. Γίνεται μια πύλη εισόδου, όχι μια γραμμή τερματισμού. Φανταστείτε τις επιλογές που αντιμετωπίζουν οι ψυχές μας όταν επιλέγουν αυτό το παράξενο προαύλιο σχολείου που είναι η Γη, με τις δυσκολίες, τους πόνους και τη γηράσκουσα σάρκα της. Το σώμα δεν είναι ένα ατύχημα. Μας προσφέρει μαθήματα θάρρους, ενσυναίσθησης και δημιουργικότητας, ιδιότητες που δεν ανθίζουν χωρίς αγώνα. Το δύσκολο έδαφός μας έχει γυαλίσει τις ατέλειες της ψυχής.

Κάθε μέρα αντιμετωπίζουμε μια επιλογή. Μπορούμε να προσκολληθούμε στον φόβο, την απομόνωση και τη μικρότητα, ή να κάνουμε ένα βήμα προς τη σύνδεση και την αγάπη. Ο Ραμακρίσνα Παραμαχάμσα, ένας Ινδός μυστικιστής, δήλωσε ότι η αληθινή αφύπνιση δεν σημαίνει να ξεφύγουμε από το σώμα, αλλά να είμαστε πλήρως παρόντες σε αυτό, ζώντας με καλοσύνη και χαρά. Επιπλέουμε μεταξύ της υλικότητας και του πνεύματος, μεταξύ της προσωρινής ροής του χρόνου και της αιωνιότητας. Εδώ, πρέπει να κρατήσουμε τα πόδια μας σταθερά στο έδαφος και την καρδιά μας ανοιχτή. Ο διαλογισμός μας δείχνει πώς. Είναι μια σιωπηλή σχολή για να αντιλαμβανόμαστε τις σκέψεις και τα συναισθήματα χωρίς να χανόμαστε σε αυτά. Τα όρια εξαφανίζονται όταν τα βλέπουμε όπως είναι πραγματικά. Η απελευθέρωση δεν είναι ένα μακρινό όνειρο. Είναι να μάθουμε να απαλλασσόμαστε από τα δεσμά που δημιουργεί η ιδέα του διαχωρισμού.

Τα πειράματα του Alain Aspect το 1982 έδειξαν ότι φωτόνια που απέχουν χιλιόμετρα μεταξύ τους συμπεριφέρονται σαν δίδυμα, συνδεδεμένα με κάτι ακαθόριστο. Αυτές οι ανακαλύψεις δίνουν επιστημονική υποστήριξη στις πνευματικές διδασκαλίες του ινδουισμού και του βουδισμού. Η Advaita Vedanta διδάσκει ότι όλα είναι ένα και ότι οι διαχωρισμοί είναι ψευδαισθήσεις. Η βουδιστική διδασκαλία της εξαρτημένης προέλευσης υποστηρίζει ότι όλα προκύπτουν από τη σύνδεση. Δεν πρόκειται μόνο για φιλοσοφίες· αντανακλούν τον τρόπο με τον οποίο λειτουργεί πραγματικά το σύμπαν. Και ο εγκέφαλός μας συμμετέχει σε αυτόν τον χορό. Η νευροεπιστήμη εντοπίζει περιοχές του εγκεφάλου που φωτίζονται όταν αισθανόμαστε εγγύτητα ή συμπόνια. Διαφορετικά κυκλώματα μας συνδέουν με το εγώ, κάνοντάς μας να αισθανόμαστε μοναξιά και απομόνωση. Το μέρος που κυριαρχεί καθορίζει το πόσο βιώνουμε την ενότητα. Αυτό δεν είναι μια υπόθεση, αλλά μια μετρήσιμη πραγματικότητα που αμφισβητεί τις παλιές δυαδικότητες.

Συχνά, νομίζουμε ότι είμαστε μόνοι, φυλακισμένοι σε ένα μικρό εγώ. Η αλήθεια πάλλεται από κάτω. Μια κοινή αναπνοή του είναι έτοιμη να αποκαλυφθεί. Η συνείδηση δεν είναι προσκολλημένη στον εγκέφαλο ή στο σώμα. Κινείται πέρα και μέσα, όπως τα κύματα στον ωκεανό. Το να το αναγνωρίσουμε αυτό είναι σαν να ανακαλύπτουμε ξανά ένα ξεχασμένο σπίτι: μια ζωή πιο ευρεία και πιο πραγματική από ό,τι τολμούσαμε να φανταστούμε. «Η αυτοπραγμάτωση δεν είναι η απόκτηση κάτι καινούργιου, αλλά η αναγνώριση αυτού που ήταν πάντα εκεί», είπε ο Ραμάνα Μαχάρσι. Το ταξίδι μας μας οδηγεί μέσα από τις σκιές προς αυτό το φως. Βήμα βήμα, ανάσα ανάσα, το ζωντανό μυστήριο αποκαλύπτεται.

Όταν διευρύνουμε την κατανόησή μας για να συμπεριλάβουμε την ενότητα όλων των πραγμάτων, αυτή αναδιαμορφώνει απαλά τον τρόπο με τον οποίο βλέπουμε τον εαυτό μας και τους άλλους. Οι άκαμπτες γραμμές που έχουν χαραχθεί από τον ανταγωνισμό και τον φόβο αρχίζουν να απαλύνονται. Ξαφνικά, συνειδητοποιούμε ότι δεν είμαστε απομονωμένα νησιά, αλλά νήματα υφασμένα σε ένα μεγαλύτερο σύνολο. Αυτή η αλλαγή ξυπνά μια φυσική φροντίδα για τη συνεργασία και για τον πλανήτη στον οποίο ζούμε. Αυτή είναι μια απλή αλήθεια που αντικατοπτρίζεται σε πολλές πνευματικές διδασκαλίες, όπως ο Χρυσός Κανόνας που βρίσκεται σε πολλές παραδόσεις: «Κάνε στους άλλους ό,τι θα ήθελες να κάνουν σε σένα» (Ματθαίος 7:12, Καινή Διαθήκη). Δεν πρόκειται για μια αυστηρή ηθική, αλλά για ένα ζωντανό αίσθημα σεβασμού και καλοσύνης που γεννιέται από τη σύνδεση. Το να βλέπουμε τον κόσμο όχι μόνο ως ένα κλουβί που μας κρατάει φυλακισμένους, αλλά ως ένα γόνιμο έδαφος για ανάπτυξη, μεταμορφώνει τις δυσκολίες. Οι αγώνες που πριν φαινόταν σαν τοίχοι γίνονται πύλες. Κάθε πρόκληση είναι μια πρόσκληση να ξεπεράσουμε τα παλιά όρια.

Όταν το εγώ χαλαρώνει, ανοίγει χώρος για να εξερευνήσουμε νέους τρόπους ύπαρξης — τρόπους που ευθυγραμμίζονται με την αρμονία, όχι με τη διαίρεση. Πώς να το κάνουμε αυτό; Ξεκινά με απλές πράξεις: να παρατηρούμε τις σκέψεις και τα συναισθήματά μας με ευγένεια, να αμφισβητούμε υποθέσεις που θεωρούμε αλήθειες και να επιτρέπουμε στην ηθική — όχι σε εξωτερικούς κανόνες, αλλά στον σιωπηλό πυξίδα της συνείδησης — να καθοδηγεί τις πράξεις μας. Η αποτυχία γίνεται δάσκαλος, όχι ετυμηγορία. Οι σχέσεις μετατρέπονται σε χώρους για την καλλιέργεια του σεβασμού και της φροντίδας, όχι σε διαγωνισμούς. Αυτή η ευγενική πρακτική αρχίζει να χαλαρώνει τα αόρατα δεσμά του διαχωρισμού.

Η επιστήμη παρουσιάζει μια ζωντανή εικόνα του πώς συμβαίνει αυτό, χωρίς να εμπλέκει μυστικισμό. Τα συστήματα και η θεωρία του χάους δείχνουν πώς μικρές ωθήσεις μπορούν να οδηγήσουν μεγάλα δίκτυα σε νέα πρότυπα. Μια μικρή πράξη ευγένειας μπορεί να προκαλέσει μια αλυσιδωτή αντίδραση καλών πραγμάτων, ενώ η σκληρότητα μπορεί να βαθύνει πληγές που νιώθουν γενιές. Η κβαντική φυσική προσφέρει επίσης μια εκπληκτική εικόνα. Σωματίδια που χωρίζονται από τεράστιες αποστάσεις επηρεάζουν αμοιβαία το ένα το άλλο ακαριαία — ένα φαινόμενο που ο Αϊνστάιν ονόμασε «τρομακτική δράση σε απόσταση» (Θεώρημα του Μπελ, 1964). Αυτό υποδηλώνει ότι οι πράξεις μας μπορούν επίσης να δημιουργήσουν αόρατες συνδέσεις μέσα στο χρόνο και το χώρο. Το κάρμα κινείται σε κύκλους, συνδέοντας το παρελθόν με το παρόν και υποδηλώνοντας ότι το μέλλον επηρεάζει το παρόν όσο και η ιστορία. Η παρατήρηση των προτύπων του νου, χωρίς βιαστικές κρίσεις, δημιουργεί μια παύση στην οποία μπορούν να ανθίσουν νέες επιλογές.

Το να ζούμε μέσα σε αυτή τη ροή μας καλεί στην ταπεινότητα: να ακούμε περισσότερο, να μιλάμε με ειλικρίνεια, να εξετάζουμε τα κίνητρα με θάρρος, να υπερασπιζόμαστε τη δικαιοσύνη ενάντια σε καταπιεστικά συστήματα και να προσφέρουμε συμπόνια χωρίς επιφυλάξεις. Αυτές οι ενέργειες χαράζουν ένα μονοπάτι — όχι εύκολο, αλλά αρκετά πραγματικό για να το ακολουθήσουμε. Εκτείνεται μέρα με τη μέρα, επιλογή με την επιλογή, κόβοντας το πυκνό δάσος των προτύπων και των συνηθειών. Στον πυρήνα του βρίσκεται η αποσύνδεση. Είναι μια ευγενική αποσύνδεση από την εγωκεντρική προσκόλληση. Είναι η εμπιστοσύνη που δεν βασίζεται στον έλεγχο, αλλά στο άνοιγμα της σφιγμένης γροθιάς. Η ελευθερία έρχεται εκείνη τη στιγμή, όχι ως απόδραση από τις απαιτήσεις του κόσμου, αλλά ως κυριαρχία του εαυτού μας μέσα σε αυτές. Η πραγματική ελευθερία λάμπει πιο έντονα όταν σταματάμε να πιέζουμε τη ζωή να ταιριάζει στο καλούπι μας και ενωνόμαστε με τον χορό όλων των όντων που αποκαλύπτονται χέρι-χέρι. Αυτός ο δρόμος καμπυλώνει και στρίβει πέρα από ό,τι μπορούν να δουν τα μάτια. Κάθε στιγμή διαμορφώνει την ιστορία που ακόμα γράφεται. Σε αυτή τη ζωντανή κίνηση, η ψυχή βρίσκει το δρόμο της για να βγει από την παγίδα και να μπει στο φως που ήταν πάντα παρόν.

Κεφάλαιο 8: Ανακαλύπτοντας τον Αληθινό Εαυτό

Το μεγαλύτερο μέρος αυτού που ονομάζουμε «εγώ» φορά μια μάσκα που έχει διαμορφωθεί από την οικογένεια, τον πολιτισμό και τη βιολογία. Αυτές οι δυνάμεις μας πιέζουν, διαμορφώνοντας τον τρόπο με τον οποίο βλέπουμε τον εαυτό μας. Τότε, το εγώ μπαίνει σε δράση, αναλαμβάνοντας το ρόλο του φύλακα. Θέλει έγκριση και έλεγχο. Κρατάει σκορ, αντιπαραθέτει το ένα πράγμα με το άλλο και προσκολλάται σε ό,τι είναι οικείο. Ωστόσο, αυτό το εγώ είναι μόνο ένας ρόλος, μια ιστορία που έχει επαναληφθεί τόσες φορές που φαίνεται σταθερή. Κάτω από αυτό, υπάρχει κάτι πιο σιωπηλό και βαθύ: ένα εγώ που περιμένει πέρα από τον θόρυβο της κρίσης και του φόβου. Η αρχαία σοφία δείχνει προς αυτό το εσωτερικό εγώ. Στον ινδουισμό, υπάρχει η πρακτική της αυτοεξέτασης που είναι γνωστή ως svadhyaya, η οποία θέτει τα ακόλουθα ερωτήματα: «Είμαι ειλικρινής; Είμαι ευγενικός;». Ο Βούδας δίδαξε ότι τίποτα δεν παραμένει σταθερό. Αυτό που ονομάζουμε «εγώ» αλλάζει συνεχώς, όπως τα κύματα στο νερό. Η παρατήρηση αυτής της αλλαγής μας βοηθά να χαλαρώσουμε τον έλεγχο και να νιώσουμε μια ευρύτερη σύνδεση.

Η ψυχολογία αποκαλύπτει φόβους και κρυμμένα ένστικτα κάτω από το εγώ, δείχνοντας την ένταση μεταξύ εσωτερικών επιθυμιών και εξωτερικών απαιτήσεων. Η νευροεπιστήμη δείχνει ότι η εγκεφαλική δραστηριότητα ξεκινά πριν καν συνειδητοποιήσουμε ότι έχουμε κάνει μια επιλογή. Αυτό θέτει μεγάλα ερωτήματα σχετικά με τον ελεύθερο βούληση και την ύπαρξη ενός κεντρικού εαυτού. Το να γράφεις σε ένα ημερολόγιο καταγράφει κρυμμένα μοτίβα του απασχολημένου μυαλού και μετατρέπει τα συναισθήματα σε λέξεις. Τα όνειρα και τα «σκοτεινά» μέρη — τα κομμάτια του εαυτού μας που δεν εκφράζονται ή απομακρύνονται — προσφέρουν μυστικούς χάρτες για ό,τι είναι κρυμμένο μέσα μας. Αυτές οι στιγμές υποδηλώνουν μια αλήθεια μεγαλύτερη από εμάς τους ίδιους. Η Καμπάλα αναφέρει το da'at, ένα είδος γνώσης που συνδέει τη γη και το πνεύμα. Είναι μια γέφυρα που δεν διασχίζεται βιαστικά, αλλά με ανοιχτό μυαλό και υπομονή.

Το εγώ αντιστέκεται πολύ, παραμορφώνοντας τα γεγονότα για να διατηρήσει τη θέση του. Είναι τότε που χρειαζόμαστε τους άλλους — αξιόπιστους οδηγούς, φίλους, τελετουργίες, προσευχές — για να μας σταθεροποιήσουν όταν ο δρόμος γίνεται ασαφής. Η χριστιανή ποιήτρια Denise Levertov, που ήταν κοντά στον μυστικισμό, είπε: «Υπάρχει ένα σύννεφο άγνοιας ανάμεσα σε εμάς και τον Θεό». Σε αυτό το χώρο, η λογική ηρεμεί και ανθίζει ένας άλλος τύπος γνώσης. Η αποδοχή αντίθετων αληθειών απελευθερώνει το μυαλό από παλιές παγίδες. Ρωτήστε τον εαυτό σας τι θέλει να σας δείξει κάθε στιγμή για το ποιος είστε πέρα από την επιφάνεια. Κάτι τέτοιο χτίζει μια εσωτερική δύναμη που παραμένει ήρεμη και προσαρμόζεται. Γίνεστε σαν ένα ποτάμι που ρέει όπου σας οδηγεί η ζωή. Παρατηρήστε τις σκέψεις και τα συναισθήματά σας, αλλά μην τα καταπίνετε ολόκληρα.

Αμφισβητήστε τι φαίνεται αληθινό και τι είναι απλώς συνήθεια. Σκεφτείτε πώς οι επιλογές σας επηρεάζουν τους άλλους, όχι μόνο τον εαυτό σας. Να είστε πρόθυμοι να αλλάξετε πορεία, να μάθετε από τα λάθη σας και να χτίσετε σχέσεις βασισμένες στον σεβασμό και την ευγένεια.

Η ενδοσκόπηση δεν χρειάζεται να είναι βάρος. Είναι μια πρόσκληση για ένα ταξίδι που τιμά τον μοναδικό εαυτό σας και τα αόρατα νήματα που κρατούν τη ζωή ενωμένη. Ένα σύντομο εδάφιο από το Ευαγγέλιο του Θωμά ταιριάζει εδώ: «Αν φέρεις στην επιφάνεια αυτό που είναι μέσα σου, αυτό που φέρεις στην επιφάνεια θα σε σώσει» (Ευαγγέλιο του Θωμά, Λόγος 70). Οι αρχαίες διδασκαλίες, η επιστήμη και ο μυστικισμός δείχνουν ένα πράγμα: το κλειδί βρίσκεται μέσα σου. Το έργο είναι να μάθουμε να το βλέπουμε. Ο Dan Siegel, σημαντική προσωπικότητα στη διαπροσωπική νευροβιολογία, μας υπενθυμίζει: «Η ολοκλήρωση — η σύνδεση διαφορετικών μερών σε ένα συνεκτικό σύνολο — είναι απαραίτητη για την ευημερία» (In the Developing Mind). Το να ανακαλύψουμε ποιοι πραγματικά είμαστε σημαίνει να συγκεντρώσουμε τα διάσπαρτα κομμάτια, όχι να τα παραμερίζουμε. Στο Kalama Sutta, του βουδισμού, υπάρχει η εξής συμβουλή: «Μην βασίζεσαι σε ό,τι έχεις αποκτήσει ακούγοντας επανειλημμένα, ούτε στην παράδοση, ούτε σε φήμες, ούτε στις γραφές, ούτε σε λογικές εικασίες... Όταν το μάθεις από μόνος σου, τότε δέξου το και ζήσε σύμφωνα με αυτό» (Anguttara Nikaya 3.65).

Το εγώ θέλει να ταξινομήσει τα πάντα σε οργανωμένα κουτιά: το ένα καλό, το άλλο κακό. Επιτυχία από τη μία πλευρά, αποτυχία από την άλλη. Εγώ εναντίον αυτών. Αυτές οι ετικέτες μας κρατούν χωρισμένους και τυφλούς για τη βαθύτερη σύνδεση που υπάρχει μεταξύ όλης της ζωής. Ωστόσο, όταν κοιτάξουμε πιο προσεκτικά, βλέπουμε ότι τα τείχη του εγώ είναι εύθραυστα. Κατασκευάζουν μια ιστορία διαχωρισμού που απλά δεν στέκει. Οι άνθρωποι που έχουν βρεθεί στο χείλος του θανάτου συχνά περιγράφουν μια απώλεια ταυτότητας, μια εγκατάλειψη του εαυτού ως ξεχωριστού αντικειμένου. Μιλούν για συγχώνευση με μια απέραντη αγάπη που αγκαλιάζει τα πάντα και νιώθουν μια ενότητα που δεν περιγράφεται με λόγια. Τέτοιες εμπειρίες εμφανίζονται σε όλες τις κουλτούρες και εποχές, υποδηλώνοντας ένα κοινό πεδίο κάτω από την επιφάνεια της ζωής. Αυτό υποδηλώνει ότι τα όρια που θέτουν οι νου μας είναι ψευδαισθήσεις. Νευροεπιστημονικές έρευνες σχετικά με τις εμπειρίες κοντά στο θάνατο συνεχίζουν να εξερευνούν αυτό το θέμα, υποδηλώνοντας ότι η αίσθηση του «εγώ» μας είναι πιο ευέλικτη από ό,τι πιστευόταν προηγουμένως (Parnia et al., Resuscitation, 2014).

Όταν η ψευδής διαίρεση μεταξύ εσάς και όλων των άλλων εξαφανίζεται, αρχίζετε να ενεργείτε και να μιλάτε με βάση την εσωτερική αλήθεια. Αυτή η αλήθεια δεν είναι μια απλή απόφαση, αλλά μια αργή αποκάλυψη των στρωμάτων που η κοινωνία μας επιβάλλει, σαν ρούχα που δεν μας ταιριάζουν. Το να είσαι αληθινός σημαίνει να μην κρύβεσαι πίσω από ρόλους ή προσδοκίες. Σημαίνει να έχεις το θάρρος να αποδεχτείς τον εαυτό σου, με ειλικρίνεια, με τα ελαττώματα και τις αρετές σου. Το πρώτο βήμα συχνά μοιάζει με το να κοιτάς έναν σπασμένο καθρέφτη. Οικογενειακές προσδοκίες, πολιτισμικά σενάρια, άγραφοι κανόνες — όλα αυτά καταπιέζουν την αίσθηση της ταυτότητάς σου, θάβοντας τον αληθινό σου εαυτό. Το να βρεις αυτόν τον πυρήνα δεν είναι εύκολο. Χρειάζεται θάρρος για να αντιμετωπίσεις τα μέρη που προτιμάς να αγνοείς. Η σοφία των Σιχ το επαναλαμβάνει λέγοντας: «Η ψυχή χρωματίζεται από το χρώμα των σκέψεών σου» (Guru Granth Sahib, Ang 643).

Ο Carl Rogers μιλούσε για τη συνάφεια, που είναι όταν τα εσωτερικά συναισθήματα αντιστοιχούν στην εξωτερική έκφραση. Αυτή η ευθυγράμμιση σημαίνει ειλικρίνεια προς τον εαυτό σας και τους άλλους και είναι ένα σημάδι ψυχολογικής υγείας. Η θετική ψυχολογία προσφέρει επίσης εργαλεία όπως η ευγνωμοσύνη και η ανθεκτικότητα, που είναι αρετές που μας βοηθούν να αντιμετωπίζουμε τις δυσκολίες με χάρη, αντί να καταρρέουμε. Αυτές οι ιδιότητες ενισχύουν την ανθεκτικότητά μας και μετριάζουν τον αντίκτυπο των αντιξοοτήτων. Ωστόσο, το πρόβλημα είναι ότι ο κόσμος στον οποίο ζούμε συχνά ανταμείβει το αντίθετο. Τα συστήματα που βασίζονται στον έλεγχο, το κέρδος και το κύρος απαιτούν συμμόρφωση και παραμελούν τις γνήσιες σχέσεις. Το να επιλέγεις την ειλικρίνεια και να ακολουθείς τον δικό σου δρόμο μπορεί να μοιάζει με κολύμπι ενάντια στο ρεύμα, μια σιωπηλή αλλά ισχυρή εξέγερση. Όπως είπε ο φιλόσοφος William James, «η μεγαλύτερη ανακάλυψη είναι ότι οι άνθρωποι μπορούν να αλλάξουν τη ζωή τους αλλάζοντας τη νοοτροπία τους» (1902).

Το ταξίδι περιέχει δύο αλήθειες ταυτόχρονα: την προσωπική ιστορία και την παγκόσμια ροή. Είναι δυνατό να έχεις τα πόδια σου στη γη και να είσαι ταυτόχρονα ανοιχτός στο άπειρο. Η ευγνωμοσύνη, η περιέργεια και η ταπεινότητα αναπτύσσονται φυσικά όταν ζεις με αυτή την ανοιχτότητα. Ορισμένες επιλογές σε κρατούν προσκολλημένο σε ψευδαισθήσεις, κάνοντας τα τείχη να φαίνονται πιο ισχυρά. Άλλες, όμως, σπάνε αυτά τα τείχη, δείχνοντας πού ταιριάζεις στην ευρύτερη ιστορία. Σίγουρα θα σκοντάψεις. Αλλά ο δρόμος συνεχίζεται. Σκέψου τον Βίκτορ Φράνκλ. Ακόμα και φυλακισμένος στο πιο σκοτεινό μέρος της Γης, αρνήθηκε να αφήσει τον πόνο να τον καταστρέψει. Αντίθετα, βρήκε νόημα σε αυτόν τον πόνο και τον χρησιμοποίησε για να βοηθήσει τους άλλους. Το μήνυμά του είναι σαφές: η ελευθερία δεν συνίσταται στο να ξεφύγεις από τον πόνο, αλλά στο να τον μετατρέψεις σε φως. «Όταν δεν είμαστε πλέον σε θέση να αλλάξουμε μια κατάσταση, καλούμαστε να αλλάξουμε τους εαυτούς μας» (1946).

Κεφάλαιο 9: Η υπηρεσία ως γέφυρα προς την ελευθερία

Η σοφία πίσω από την υπηρεσία είναι αρχαία. Ο ινδουισμός και ο βουδισμός, για παράδειγμα, διδάσκουν ότι το να βοηθάς χωρίς να περιμένεις τίποτα σε αντάλλαγμα προσφέρει ελευθερία στην ψυχή. Η ενέργεια πίσω από την πράξη είναι αυτό που έχει μεγαλύτερη σημασία. Όταν η αγάπη μας ωθεί να υπηρετήσουμε, η αλλαγή συμβαίνει βαθιά μέσα μας και εξαπλώνεται προς τα έξω. Μια ινδουιστική διδασκαλία από τη Bhagavad Gita το εκφράζει αυτό με σαφήνεια: «Να είσαι σταθερός στην εκπλήρωση του καθήκοντός σου, χωρίς προσκόλληση στην επιτυχία ή την αποτυχία» (Bhagavad Gita 2:47). Εδώ, το επίκεντρο είναι η πράξη αυτή καθεαυτή, όχι η ανταμοιβή. Μελέτες της θετικής ψυχολογίας αποκαλύπτουν ότι η πρακτική της δωρεάς μειώνει το άγχος και βελτιώνει τη διάθεση τόσο του δότη όσο και του δέκτη (Cameron et al., 2019).

Η ιστορία μας προσφέρει αμέτρητα παραδείγματα ανθρώπων που ακολούθησαν τον δρόμο της υπηρεσίας με σκοπό και ανοιχτή καρδιά. Οι ζωές τους υποδεικνύουν ότι η υπηρεσία είναι μέρος της ουσιαστικής μας φύσης, όχι μόνο ένα καθήκον ή μια υποχρέωση. Η ενσωμάτωση της υπηρεσίας στην καθημερινή ζωή δεν χρειάζεται να είναι περίπλοκη. Ξεκινά με το να ακούμε πραγματικά, να δανείζουμε ό,τι είναι απαραίτητο ή να υπερασπιζόμαστε αιτίες που μας είναι αγαπητές. Μερικές φορές, αυτό απαιτεί περισσότερο χρόνο ή πόρους. Το μυστικό είναι η ειλικρίνεια: να υπηρετούμε επειδή μας νοιάζει, όχι από ενοχή ή υποχρέωση.

Η περιέργεια και η ταπεινότητα πάνε χέρι-χέρι με την καλή υπηρεσία. Πρέπει να παρατηρούμε τις εσωτερικές μας ιστορίες. Οι παλιές πεποιθήσεις πρέπει να αμφισβητούνται. Σκεφτείτε πώς μια πράξη εξαπλώνεται προς τα έξω. Όταν χτίζουμε σχέσεις βασισμένες στον σεβασμό και την ευγένεια, βλέπουμε ότι ανυψωνόμαστε όταν ανυψώνουμε τους άλλους. Όταν η υπηρεσία γίνεται μέρος του εαυτού μας, μετατρέπεται σε χαρά, όχι σε υποχρέωση. Τα τείχη που μας χωρίζουν διαλύονται, αποκαλύπτοντας μια κοινή αλήθεια. Μέσα στο χρόνο και τις κουλτούρες, οι άνθρωποι φαντάζονταν ένα μέρος πέρα από αυτή τη ζωή, μια πιθανότητα που επιθυμούν να βιώσουν. Έναν χώρο ειρήνης, αφθονίας και εγγύτητας με κάτι μεγαλύτερο. Αυτή η ελπίδα είναι παρούσα σε ιστορίες και διδασκαλίες κατά τη διάρκεια του χρόνου. Δεν πρόκειται μόνο για ένα μέρος ανάπαυσης μετά το θάνατο. Προσφέρει μια όραση της ζωής πέρα από τον πόνο και τα όρια, αποκαλύπτοντας βαθύτερες αλήθειες για το τι υπάρχει πέρα από τον κόσμο μας.

Ας δούμε, για παράδειγμα, τον Χριστιανισμό. Σε αυτόν, ο ουρανός απεικονίζεται ως ατελείωτη χαρά και εγγύτητα με τον Θεό, όπου οι ψυχές αναπαύονται στο φως και την ειρήνη. Στο Κοράνι, η Τζαννά περιγράφεται ως ένας πλούσιος κήπος με ποτάμια και άνεση.

Οι ινδουιστικές παραδόσεις μιλούν για το Σβάργκα, ένα ουράνιο βασίλειο γεμάτο απολαύσεις που ξεπερνούν αυτές του γήινου κόσμου. Αυτές οι εικόνες απευθύνονται στις αισθήσεις — φαγητό, μουσική, ομορφιά —, αλλά υποδηλώνουν μια κατάσταση στην οποία το πνεύμα βρίσκει πραγματική ηρεμία. Ο βουδισμός επίσης αναφέρεται στους ουρανούς, αλλά κάνει διάκριση μεταξύ προσωρινών τόπων και τελικής ελευθερίας. Οι καλές πράξεις μπορούν να σας οδηγήσουν σε ευχάριστα βασίλεια, αλλά δεν τερματίζουν τον κύκλο της αναγέννησης. Το νιρβάνα είναι διαφορετικό. Βρίσκεται πέρα από τις επιθυμίες, το εγώ και τον διαχωρισμό. Αυτή η κατάσταση υπερβαίνει το χρόνο και το χώρο, αντιπροσωπεύοντας μια ενότητα με την ύπαρξη που επιτυγχάνεται μέσω της αφύπνισης.

Οι ιστορίες των ιθαγενών προσφέρουν τη δική τους προοπτική. Πολλοί βλέπουν τη ζωή μετά το θάνατο ως μια συνεχή σχέση. Σε αυτήν, οι πρόγονοι μας φροντίζουν, ενώνοντας τη ζωή και τη φύση. Στις αφρικανικές παραδόσεις, οι πρόγονοι θεωρούνται γέφυρες που συνδέουν τον άνθρωπο με το θείο, υφαίνοντας τη ζωή και το θάνατο με έναν στενό τρόπο. Επιστημονικές θεωρίες σχετικά με πολλαπλές διαστάσεις και ενεργειακές δονήσεις υποδηλώνουν ότι ο ουρανός θα μπορούσε να είναι μια υψηλότερη συχνότητα, πέρα από την ικανότητα αντίληψης των αισθήσεών μας. Αναφορές εμπειριών από σχεδόν θανάτους δείχνουν αναλαμπές φωτός, αγάπης και ενότητας, που αντιστοιχούν στις αρχαίες περιγραφές της καθαρής γνώσης, που υπερβαίνει το χρόνο και το εγώ. Η ψυχολογία συμβάλλει επίσης με την άποψή της. Το έργο του Maslow μας υπενθυμίζει ότι η ανάπτυξη μέχρι να φτάσουμε στο μέγιστο δυναμικό μας μας φέρνει πιο κοντά σε στιγμές όπως ο παράδεισος στη Γη. Τα τελετουργικά φέρνουν πιο κοντά αυτούς τους κόσμους. Πρακτικές όπως η εξομολόγηση, η νηστεία και το προσκύνημα συγκεντρώνουν την καρδιά σε κάτι μεγαλύτερο. Σε αυτές τις πράξεις, ο ουρανός γίνεται κάτι περισσότερο από μια ιδέα. Γίνεται μια ζωντανή εμπειρία, ένας δρόμος που διανύουμε αυτή τη στιγμή.

Συχνά προκύπτουν ερωτήματα σχετικά με το ποιος μπορεί να εισέλθει στον ουρανό και τι σημαίνει αυτό. Πολλές παραδόσεις προσφέρουν κανόνες και δόγματα που προσπαθούν να ορίσουν αυτό το μονοπάτι. Ωστόσο, κάτω από όλα αυτά, το πραγματικό κατώφλι δεν βρίσκεται έξω, αλλά μέσα μας. Η πραγματική είσοδος ανθίζει στην καρδιά, όπου η αγάπη, η κατανόηση και η υπηρεσία ριζώνουν. Καθώς αυτές οι ιδιότητες ενισχύονται, τα εξωτερικά εμπόδια χάνουν τη δύναμή τους. Παρατηρήστε τη ζωή του Ιησού, του Βούδα και του Ρούμι. Έφεραν τον ουρανό στη ζωή εδώ και τώρα, όχι ως μια μακρινή γη, αλλά ως μια παρουσία που νιώθουν βαθιά μέσα τους. Οι μέρες τους ξετυλίχθηκαν ως ιερές διαδρομές, σε αρμονία με το θείο που πάλλεται μέσα από όλα τα πράγματα. Όπως είπε ο θρησκευτικός φιλόσοφος Teilhard de Chardin: «Ο μόνος τρόπος να σκεφτείς τον Θεό είναι να σκεφτείς την αγάπη».

Το να επιλέγεις σωστά σημαίνει να αντιμετωπίζεις δύσκολες αλήθειες χωρίς να παρεκκλίνεις, να έχεις υπομονή όταν η ανάπτυξη φαίνεται αργή ή αόρατη και να διατηρείς την πίστη σου όταν ο δρόμος μπροστά σου φαίνεται αβέβαιος. Ο Άγιος Φραγκίσκος της Ασίζης ενσάρκωσε αυτόν τον αγώνα. Η ταπεινή φροντίδα και η αφοσίωσή του δίδαξαν ότι η ελευθερία δεν προέρχεται από την άνεση, αλλά από την αγάπη. Σε αυτόν, το θείο ήταν ορατό σε όλα τα πλάσματα και σε όλες τις στιγμές. Ο πόνος μετατράπηκε από φυλακή σε πέρασμα, από παγίδα σε κατώφλι. Αυτό κάνει τον ουρανό να σταματήσει να είναι ένα μακρινό όνειρο και να γίνει ένας δρόμος που πρέπει να βαδιστεί τώρα.

Η επιστροφή σημαίνει ότι η ψυχή επιστρέφει επανειλημμένα, εδώ ή αλλού, μεταφέροντας μαθήματα που δεν έχουν μάθει και χρέη που δεν έχουν πληρωθεί. Είναι ένας κύκλος ανάπτυξης και αγώνα που επαναλαμβάνεται σε αμέτρητες ζωές. Από την άλλη πλευρά, υπάρχει η απελευθέρωση: μια τελική έξοδος από αυτούς τους κύκλους, όπου η ψυχή απαλλάσσεται από το εγώ, τον πόνο και τη διαίρεση. Αυτή είναι η ειρήνη του να είσαι ένα με όλα τα πράγματα, το τέλος της επιστροφής. Εδώ, κάθε στιγμή είναι γεμάτη με απεριόριστη ειρήνη και καλοσύνη, που υπερβαίνουν τον πόνο και την ευχαρίστηση, το εγώ και τον άλλον. Αυτό δεν είναι κάτι που επιτυγχάνεται μόνο με τη γνώση. Είναι κάτι που αποκαλύπτεται μέσα από την εμπειρία και τη συνεχή πρακτική.

Ο κύκλος της επιστροφής περιστρέφεται με μαθήματα προσαρμοσμένα στο σημείο όπου η ψυχή είναι παγιδευμένη. Αν η απληστία διαμόρφωσε μια προηγούμενη ζωή, τότε πρέπει να μάθει τη γενναιοδωρία. Ωστόσο, ο κύκλος δεν είναι ευγενικός ούτε απαλός. Περιλαμβάνει τόσο την ανάπτυξη όσο και τον πόνο. Ο νους προσκολλάται σε σύντομες χαρές, φοβάται την απώλεια και αγωνίζεται να διατηρήσει την ταυτότητά του. Αυτό τον κρατάει στην επανάληψη, σε χαμηλές δονήσεις, μακριά από υψηλότερες καταστάσεις. Οι πολλοί ρόλοι που παίζονται κατά τη διάρκεια πολλών ζωών διασκορπίζουν την εστίαση και την ενέργεια, μετατρέποντας την ανάπτυξη σε περιστρεφόμενους τροχούς, όχι σε σκάλες για να ανέβεις. Η ελευθερία είναι πέρα από αυτό. Δεν βρίσκεται σε αυτό που κερδίζεται έξω, αλλά σε αυτό που αλλάζει μέσα. Η εγκατάλειψη του εγώ οδηγεί στην ένωση με την ευρεία συνείδηση που περιέχει τα πάντα. Αυτή η ένωση είναι μια εγκατάλειψη και ένα γίνεσαι ένα. Η ζωή τότε παύει να είναι τυχαία. Κάθε στιγμή προσφέρει μια ιερή ευκαιρία για αφύπνιση. Οι προκλήσεις γίνονται δάσκαλοι που ρωτούν: «Τι λείπει από την καρδιά σου;» Αυτό μας βοηθά να παραμείνουμε ευέλικτοι και ρευστοί, επιτρέποντάς μας να κινούμαστε με τη ζωή, αντί να αγωνιζόμαστε εναντίον της. Η ευγνωμοσύνη έχει επίσης τη θέση της — για το δώρο της ενσάρκωσης, για την ευκαιρία της σύνδεσης, της αλλαγής και της ανόδου.

Κεφάλαιο 10: Υφαίνοντας Δεσμούς Ενότητας

Από την πρώτη ανάσα, η ζωή ξετυλίγεται γύρω μας, διαμορφωμένη όχι μόνο από μεγάλα γεγονότα, αλλά και από αμέτρητες μικρές στιγμές με άλλους ανθρώπους. Το βλέμμα ενός γείτονα μπορεί να είναι πιο σημαντικό από τα λόγια. Η υπομονετική παρουσία ενός δασκάλου μπορεί να κάνει το χρόνο να σταματήσει αρκετά ώστε να αναπτυχθεί η κατανόηση. Οι άγνωστοι αφήνουν επίσης σημάδια με τίποτα περισσότερο από ένα χαμόγελο ή ένα νεύμα. Αυτές οι στιγμές δεν συνοδεύονται από πιστοποιητικά ή τίτλους. Είναι σπινθήρες — απροσδόκητοι, αθόρυβοι και ισχυροί — που ανάβουν κάτι βαθιά μέσα μας. Σκεφτείτε το θάρρος ενός φίλου που παραμένει σιωπηλός. Αυτό το θάρρος συχνά ανάβει την ίδια φλόγα μέσα μας. Ή σκεφτείτε μια τυχαία λέξη από κάποιον που περνάει, μια φράση που εγκαθίσταται σιωπηλά μέσα σας και μεγαλώνει σαν ένα σπόρο κρυμμένο στο έδαφος. Το να αντιλαμβανόμαστε αυτά τα πράγματα σημαίνει να αρχίζουμε να ξεφλουδίζουμε στρώματα και να αποκαλύπτουμε ποιοι πραγματικά είμαστε κάτω από τον επιφανειακό θόρυβο της καθημερινής ζωής.

Σχετικά με αυτό, ο Βούδας είπε απλά: «Χιλιάδες κεριά μπορούν να ανάψουν από ένα μόνο κερί, και η ζωή του κεριού δεν θα μειωθεί». Τα λόγια του μας θυμίζουν ότι η καλοσύνη δεν είναι ένας πόρος που πρέπει να εξαντληθεί. Είναι άπειρη και μετατρέπει το σκοτάδι σε φως όπου κι αν περάσει. Η καλοσύνη είναι κάτι περισσότερο από ένα συναίσθημα: γίνεται ένας δρόμος που μας καλεί να φέρουμε φως σε μέρη ξεχασμένα ή φοβισμένα. Σε αυτόν τον δρόμο, μερικές φορές συναντάμε άλλους ανθρώπους που μας καθοδηγούν χωρίς να μας κατευθύνουν. Περιμένουν υπομονετικά, προσφέροντας χώρο για να βρούμε τον δικό μας ρυθμό. Αυτές οι στιγμές ησυχίας επιτρέπουν να αναδυθεί κάτι σαν διαύγεια, μια σιωπηλή γνώση που εμφανίζεται όταν η φασαρία του κόσμου ηρεμεί. Ο διαλογισμός συχνά ανοίγει αυτή την πόρτα. Δεν προσφέρει απαντήσεις, αλλά δημιουργεί ένα χώρο στον οποίο αυτές μπορούν να αναδυθούν. Σε αυτές τις παύσεις, ακόμη και τα όνειρα μιλούν. Περιέχουν ψίθυρους που τραβούν τις σκέψεις, αποκαλύπτοντας κρυμμένα μέρη του εαυτού μας. Το να γράφουμε τα όνειρά μας είναι σαν να ανοίγουμε τις σελίδες ενός μυστικού βιβλίου που μόνο εμείς έχουμε, γραμμένο όχι με λέξεις, αλλά με σύμβολα και βιωμένες συγκινήσεις. Η εξερεύνηση των ονείρων μας φέρνει αντιμέτωπους με τις αλήθειες πίσω από τις μάσκες που φοράμε.

Η επιστήμη συμπληρώνει σιωπηλά αυτό το ταξίδι. Μας οδηγεί προς το αόρατο, αποκαλύπτοντας ότι η ζωή έχει στρώματα φωτός και ενέργειας που ξεπερνούν αυτά που μπορούν να συλλάβουν τα μάτια. Ιστορίες που μεταδίδονται από ελεύθερα πνεύματα μιλούν για μέρη όπως αυτά, όπου η αφή και το συναίσθημα χαράζουν τοπία της συνείδησης. Οι καθημερινές μας ενέργειες γίνονται διακλαδώσεις σε αυτό το μονοπάτι. Οι επιλογές που χωρίζουν χτίζουν τείχη, ενώ αυτές που συνδέουν λειτουργούν ως γέφυρες προς τη σιωπή, την εσωτερική ειρήνη και τη δύναμη. Η πίστη, η ηρεμία και μια απλή και συνειδητή ζωή φωτίζουν το μονοπάτι μας σε στιγμές σύγχυσης, όταν αυτή προσπαθεί να μας κυριεύσει.

Ο φόβος μας κρατάει φυλακισμένους. Αγκαλιάζει το μυαλό και το εγώ, τραβώντας μας στη μοναξιά, όπου τα ψέματα γίνονται πυκνά και αιχμηρά σαν αγκάθια. Η φωνή του εγώ είναι ένας ψίθυρος που μετατρέπει τους ξένους σε εχθρούς και δημιουργεί βαριά σιωπή από παρεξηγήσεις. Αυτοί οι τοίχοι δεν είναι πάντα θορυβώδεις. Συχνά, μιλούν μέσω της διστακτικότητας, της αποφυγής ή των ετικετών που μας φυλακίζουν. Για παράδειγμα, μια γυναίκα που αποκαλείται «πολύ συναισθηματική» φυλακίζεται από μια λέξη που κρύβει τη φλόγα της πραγματικής της πάθους. Όπως είπε ο ψυχολόγος Gordon Allport, «τα στερεότυπα χρησιμεύουν ως νοητικές συντομεύσεις, αλλά μπορούν να γίνουν επιβλαβή όταν διατηρούνται με αυστηρότητα». Αυτή είναι μια αλήθεια που χτυπάει: αυτές οι συντομεύσεις μπορούν να μας κρατήσουν φυλακισμένους περισσότερο από οποιοδήποτε κάγκελο φυλακής. Οι ετικέτες και οι βιαστικές κρίσεις μας στερούν την ευκαιρία να δούμε ο ένας τον άλλον όπως πραγματικά είμαστε.

Για να βγούμε από αυτή την παγίδα, πρέπει να αντιμετωπίσουμε τον εαυτό μας με ειλικρίνεια. Πρέπει να είμαστε περίεργοι για να αντικαταστήσουμε τη δυσπιστία και να ανοίξουμε απροσδόκητες πόρτες. Όταν η συμπόνια ριζώνει, χαράζει νέους δρόμους σε παλιούς χάρτες. Κάθε συνάντηση, όσο σύντομη και αν είναι, γίνεται μια ευκαιρία να ξαναγράψουμε ιστορίες που μας κρατούσαν στάσιμους. Αυτό απαιτεί ταπεινότητα σε συνδυασμό με θάρρος. Το να διατηρούμε τις πεποιθήσεις μας με ευαισθησία, αντί να τις κρατάμε με δύναμη, αφήνει χώρο για νέες ιδέες. Όταν ο φόβος χάνει τη δύναμή του, ζωντανεύουν τα λόγια του Δαλάι Λάμα: «Η αγάπη και η συμπόνια είναι ανάγκες, όχι πολυτέλειες». Γίνονται εργαλεία για να γκρεμίσουμε τα αόρατα κάγκελα που χτίζει η στενοκεφαλιά.

Η ανάπτυξη δεν απαιτεί τέλειους βήματα. Απαιτεί ειλικρινή επαφή — με τον εαυτό μας και με τους άλλους — και προθυμία να συνεχίσουμε να μαθαίνουμε. Όταν η πεποίθηση συναντά το φως της συνείδησης, το αίσθημα του ανήκειν ανάβει σαν φωτιά που τροφοδοτείται από την κοινή ανθρωπότητα. Σε αυτή τη σύνδεση, βρίσκουμε μια δύναμη που δεν είχαμε φανταστεί ποτέ. Το μέρος όπου βρισκόμαστε είναι ένα σταυροδρόμι. Ένας δρόμος μας οδηγεί στον θόρυβο, στις οθόνες και στην απομάκρυνση. Απαιτεί πολλή προσοχή και προσφέρει λίγη ηρεμία. Ο άλλος μας καλεί να στραφούμε προς τα μέσα και να ανακαλύψουμε ποιοι είμαστε πέρα από τα θραύσματα και τα εμπόδια. Μας οδηγεί να ανακαλύψουμε ότι είμαστε μέρος μιας ολόκληρης ζωής και ότι δεν είμαστε νησιά χαμένα στη θάλασσα. Προσφέρει ηρεμία, δύναμη και τη δυνατότητα σύνδεσης που καμία μηχανή ή οθόνη δεν μπορεί να αντικαταστήσει.

Υπάρχει ένας τρόπος να απομακρυνθούμε από τον φρενήρη θόρυβο και να βρούμε μεγαλύτερη ηρεμία. Αυτός εμφανίζεται όταν αντιλαμβανόμαστε τις μικρές σπίθες γύρω μας, περπατάμε με ευγένεια και συναντάμε τον εαυτό μας και τους άλλους, χωρίς αυστηρές κρίσεις. Αυτό δεν είναι αγώνας. Είναι μια πρόσκληση να κάνουμε μια παύση, να αναπνεύσουμε και να προχωρήσουμε με τα μάτια ανοιχτά, όχι για ψευδαισθήσεις, αλλά για τις απλές αλήθειες που αποκαλύπτονται στις στιγμές σιωπής της ζωής. Οι πιο απλές πράξεις γίνονται ο καθρέφτης που αντανακλά το αληθινό μας πρόσωπο. Αυτό που βλέπουμε έξω πάντα αφηγείται μια ιστορία για αυτό που ζούμε μέσα μας. Δεν πρόκειται για ένα μακρινό ιδανικό, αλλά για μια κοντινή και παρούσα πρόσκληση να γίνουμε μέρος του ζωντανού κόσμου σε όλες τις λεπτομέρειές του, μπερδεμένες και όμορφες.

Κεφάλαιο 11: Πλέοντας σε έναν κόσμο σε ροή

Κοιτάξτε γύρω σας και θα δείτε μέρη που στηρίζονται σε κλωστές. Η ιδέα μιας κάποτε σταθερής και περήφανης χώρας φαίνεται τώρα εύθραυστη, σαν μια ιστορία που πρέπει να ξαναγράψουμε. Ο πραγματικός πλούτος δεν είναι δεμένος με κλειδιά ή νομίσματα, ούτε μεταφέρεται πέρα από τα σύνορα. Βρίσκεται στους ανθρώπους, στις απλές ζωές που χτυπούν πίσω από τα πρωτοσέλιδα και τις σφραγίδες στα διαβατήρια. Όταν το ξεχνάμε αυτό, η αναταραχή δεν αργεί να εμφανιστεί. Οι δρόμοι γεμίζουν με φωνές που φωνάζουν, πληγωμένες από την απληστία και την αμέλεια. Αυτό δεν είναι κάτι καινούργιο: το παρελθόν δείχνει ότι οι καταιγίδες συχνά ανοίγουν το δρόμο για νέες αρχές. Το μέλλον που επιθυμούμε δεν έρχεται όταν προσκολλούμαστε σε ό,τι μας φαίνεται ασφαλές ή οικείο. Έρχεται όταν αφήνουμε κατά μέρος τον φόβο της διαφοράς.

Όταν συνειδητοποιούμε ότι η Γη και οι άνθρωποι γύρω μας δεν είναι εμπόδια στο κέρδος, αλλά ζωντανά όντα. Είναι το σημείο εκκίνησης. «Η ευθύνη δεν είναι βάρος, αλλά δώρο», λέει ο Matthieu Ricard, ένας βουδιστής μοναχός, του οποίου τα λόγια έχουν βάρος σε αυτούς τους καιρούς. Το να φροντίζουμε το περιβάλλον μας είναι σαν να φυτεύουμε ένα σπόρο για τις μέρες που έρχονται.

Μέσα σε κάθε άνθρωπο, υπάρχουν δύο δυνάμεις που πολεμούν: η καλοσύνη και η σκληρότητα. Μας τραβούν σιωπηλά, όχι σαν μάχη με σπαθιά, αλλά σαν ένα τράβηγμα που διαμορφώνει κάθε επιλογή. Συχνά, το κακό δεν γεννιέται από μια απλή επιθυμία να πληγώσουμε, αλλά από έναν πόνο κρυμμένο βαθιά στην ψυχή. Θυμάμαι μια συζήτηση με κάποιον που κατηγορούσε έναν άλλο για τον πόνο του. Η αλήθεια ήταν θαμμένη στην ανασφάλεια, ένας παλιός σπόρος που μεγάλωσε χωρίς να γίνει αντιληπτός και διαστρέβλωσε τις σκέψεις, κάνοντας το να κατηγορεί τους άλλους να φαίνεται πιο εύκολο από το να αντιμετωπίσει τη δική του σκιά. Το να βρει αυτή τη σκιά και να στραφεί προς αυτήν, αντί να το σκάσει, άνοιξε την πόρτα για τη θεραπεία.

Ζούμε παγιδευμένοι σε ιστορίες, συχνά αναζητώντας την έγκριση έξω από τον εαυτό μας. Αυτή η αναζήτηση είναι μια παγίδα, ένας φαύλος κύκλος αμφιβολιών και σκληρών λέξεων που λέμε στον εαυτό μας. Η πραγματική αξία δεν μπορεί να αγοραστεί ή να κερδηθεί με τα κομπλιμέντα των άλλων. Υπάρχει ήδη μέσα μας. Αποκαλύπτεται όταν σταματάμε να τρέχουμε και τιμάμε το απλό δώρο της ύπαρξης. Το παρελθόν μας αφήνει σημάδια, αλλά δεν γράφει το τελευταίο κεφάλαιο. Μπορούμε να αλλάξουμε την ιστορία, να δούμε με νέα μάτια και να καλλιεργήσουμε την ευγένεια προς τους άλλους και προς τον εαυτό μας. Η αναστοχασμός δεν είναι ένας εύκολος δρόμος. Σερνείται μέσα από μια θολή δυσφορία και μια εύθραυστη ελπίδα. Ωστόσο, ακόμη και οι πιο μικρές στιγμές που κοιτάζουμε ειλικρινά τον εαυτό μας φέρνουν μια σιωπηλή υπερηφάνεια και ανθεκτικότητα.

Οπότε, πάρτε μια βαθιά ανάσα. Κοιτάξτε το δικό σας ταξίδι με ευγενικά και περίεργα μάτια.

Ο στόχος δεν είναι η τελειότητα, αλλά η καλοσύνη. Να χτίζετε δεσμούς και να αναζητάτε κατανόηση: αυτές είναι οι πράξεις που φωτίζουν το δρόμο, με ειλικρίνεια και αργά. Το σκοτάδι δεν διεισδύει στις κοινωνίες με θόρυβο, αλλά με ψίθυρο. Περιβάλλει τη θλίψη στις καθημερινές ώρες. Οι άνθρωποι περιπλανιούνται χωρίς να ξέρουν πώς να πλησιάσουν ο ένας τον άλλον. Οι συγκρούσεις ξεσπούν σαν ξερά φύλλα που τα παρασύρει ο άνεμος. Η κουλτούρα παύει να αφορά τον πλούτο ή την εξουσία και αρχίζει να αφορά την απλή καλοσύνη — ή την απουσία της. Βρήκα γενναιόδωρα πνεύματα σε φτωχά χωριά και κρύα καρδιά στη μέση του μεγάλου πλούτου. Αυτή η παράδοξη κατάσταση αφηγείται μια βαθύτερη ιστορία για το τι πραγματικά έχει σημασία.

Η ελευθερία παραμένει ένας από τους τελευταίους αληθινούς θησαυρούς, αλλά όχι του θορυβώδους είδους, με σημαίες και ομιλίες. Είναι η σιωπηλή ελευθερία να απομακρύνεσαι από το χάος και να αναπνέεις. Σε μερικά μέρη που ονομάζονται ελεύθερα, η αγένεια και τα ψέματα φορούν μάσκες σαν να είναι πανοπλίες. Η αλήθεια παραμορφώνεται και η εμπιστοσύνη γίνεται ένα ντροπαλό πουλί, έτοιμο να πετάξει με το παραμικρό σημάδι κίνησης. Αυτό δεν είναι ελευθερία. Είναι ένα χρυσό κλουβί με κενές υποσχέσεις. Αγκαλιάζουμε τις ετικέτες σαν να μπορούν να μας σώσουν. Τα σύνορα και τα χρώματα του δέρματος μετατρέπονται σε τείχη ψηλότερα από οποιαδήποτε πύλη πόλης. Οι συνομιλίες σκοντάφτουν σαν ταξιδιώτες που μιλάνε χωρίς να καταλαβαίνουν ο ένας τον άλλον, χωρίς έναν οδηγό να γεμίσει τα κενά. Πώς συνδέουμε πέρα από αυτά τα εμπόδια; Δεν έχω την απάντηση, αλλά βρίσκεται στα όρια, στους μικρούς χώρους όπου αυτό που μοιραζόμαστε είναι ισχυρότερο από αυτό που μας χωρίζει.

Κοιτάξτε μέρη που κάποτε ήταν ευημερούσα, όπως η Ευρώπη και οι Ηνωμένες Πολιτείες. Τώρα, η λάμψη τους σβήνει καθώς τα κόστη αυξάνονται και ο πλούτος χάνεται. Τα ταξίδια παρατείνονται, αλλά η πείνα χτυπά την πόρτα πολλών τραπεζιών. Οι άνθρωποι ισορροπούν σε τεντωμένα σχοινιά πάνω από καταιγίδες αμφιβολιών. Κάπου ανάμεσα σε οθόνες και σιωπηλά δωμάτια, τα πρόσωπα εξαφανίζονται σε σκιές ή μάσκες. Μερικοί παίρνουν αυτό που δεν τους ανήκει χωρίς να το σκέφτονται. Άλλοι κυνηγούν όνειρα και πέφτουν σε παγίδες που υφαίνονται από την απληστία ή την ψευτιά. Ο κόσμος είναι μπλεγμένος στη δική του δημιουργία. Πτώσεις που συνέβησαν πριν από πολύ καιρό μας κρατούν ακόμα σε τρύπες. Ωστόσο, ακόμα και εδώ, το φως λάμπει — εύθραυστο, αλλά παρόν —, περιμένοντας εκείνους που το βλέπουν και το προωθούν. Η αλλαγή είναι η φωτιά που καίει παλιούς χάρτες. Χωρίς αυτήν, περιπλανιόμαστε χαμένοι. Το ταξίδι δεν μπορεί να αποφευχθεί. Απλώς περιμένει να κάνουμε ένα βήμα μπροστά, χωρίς φόβο, προς μια νέα κατανόηση και φροντίδα που υπερβαίνουν όλες τις διαιρέσεις.

Κεφάλαιο 12: Ο εσωτερικός αγώνας για την αλήθεια

Κάθε άτομο κουβαλάει έναν βαθύ, αλλά σιωπηλό αγώνα. Δεν ακούγεται ούτε φαίνεται, αλλά διαμορφώνει τα συναισθήματα και τις σκέψεις μας. Έξω, ο κόσμος φωνάζει με χάος και περισπασμούς. Μέσα μας, ο αγώνας ψιθυρίζει. Τα συναισθήματα ξεσπούν σαν κύματα, απειλώντας να μας οδηγήσουν στη σύγχυση. Όπου και αν μας οδηγήσει η ζωή, η ανησυχία μας συνοδεύει. Άφησα την πατρίδα μου με την ελπίδα να βρω γαλήνη, αλλά τα προβλήματα με ακολούθησαν. Ενώ πιο σκοτεινές καταιγίδες σχηματίζονταν στο μυαλό μου, τα οικονομικά προβλήματα χτυπούσαν δυνατά. Βρήκα καταφύγιο στη σιωπή, προστατεύοντας την καρδιά μου από τον θόρυβο του κόσμου. Σε αυτές τις στιγμές ησυχίας, έμαθα κάτι πολύτιμο: πώς να διατηρώ τα συναισθήματα χωρίς να πνίγομαι σε αυτά ή να προσκολλώμαι υπερβολικά σε αυτά.

Η ψυχολόγος Barbara L. Fredrickson, που μελετά τα συναισθήματα, ισχυρίζεται: «Η επιλογή της θετικότητας βοηθά στην οικοδόμηση ενός ισχυρότερου εγκεφάλου». Οι νουί μας μπορούν να γίνουν ισχυρότεροι με υπομονή, όπως οι γυμνασμένοι μύες. Έτσι, αντί να παρασύρομαι από τη διάθεσή μου, άρχισα να κάνω ένα βήμα πίσω και να παρατηρώ. Οι ιστορίες που αφηγείται ο κόσμος συχνά μας τραβούν προς τα κάτω, αλλά υπάρχει πάντα ένα λεπτό και σταθερό νήμα. Η επιλογή των συναισθημάτων μας δεν είναι κάτι γρήγορο ή εύκολο. Απαιτεί πρακτική, πίστη και υπομονή. Ακόμα και όταν η κρύα απληστία του κόσμου εξαπλώνεται σαν σήψη, υπάρχει ακόμα μέσα μας ένας ήσυχος χώρος — το μόνο μέρος όπου η αληθινή ελευθερία μπορεί να αναπνεύσει.

Λέξεις και ετικέτες πέφτουν πριν προλάβουμε να πάρουμε ανάσα. Το να σε αποκαλούν «τρελό» επειδή μοιράζεσαι τις σκέψεις σου πονάει βαθιά. Είναι σαν ένα χτύπημα στην πόρτα από όπου θέλουν να μπουν νέες ιδέες. Ωστόσο, όπως είπε ο Καρλ Γιούνγκ, «όλοι κουβαλάνε μια σκιά». Όταν μας αποκαλούν τρελούς, συχνά απλώς μπαίνουν σε ένα άβολο έδαφος. Ο φόβος ή η αμηχανία τους μιλούν πιο δυνατά, αλλά δεν μας αντιπροσωπεύουν. Ένας άγνωστος κάποτε με απέκλεισε ως «απλά έναν φιλόσοφο». Ήθελα να διαφωνήσω. Ωστόσο, αυτή η λέξη κρύβει μια μυστική αλήθεια. Ο φιλόσοφος περιπλανιέται στην αβεβαιότητα, όπου δεν υπάρχουν σαφείς απαντήσεις. Να κάνεις ερωτήσεις που κανείς άλλος δεν τολμά να κάνει: αυτή είναι η ουσία της φιλοσοφίας.

Το να ακούμε «είσαι πολύ αρνητικός» πονάει, αλλά μας δείχνει επίσης ότι πολλοί προτιμούν τα γλυκά ψέματα από τις πικρές αλήθειες. Η αρνητικότητα από μόνη της δεν είναι εχθρός. Απλώς δείχνει πώς αντιδρούμε όταν αυξάνεται η πίεση. Ενώ μερικοί αντιμετωπίζουν τα προβλήματα κατά μέτωπο, άλλοι απομακρύνονται. Οι άνθρωποι ντύνονται με ιστορίες που μπλοκάρουν τον πόνο, αλλά εμποδίζουν και την ανάπτυξη. Οι πεποιθήσεις — θρησκευτικές ή μη — μπορούν να ανοίξουν πόρτες ή να χτίσουν τείχη. Το σημαντικό είναι πώς τις διατηρούμε. Αν δεν ελέγχονται, οι πεποιθήσεις γίνονται κλουβιά. Για αυτόν τον λόγο, πολλοί αντιμετωπίζουν την επιτυχία σαν να ήταν απλώς τύχη, που πέφτει σαν βροχή χωρίς αιτία. Δεν αντιλαμβάνονται τις μυστικές μάχες που κρύβονται πίσω: αμφιβολίες, φόβους και βαθιές πληγές στην ψυχή.

Η πραγματική δύναμη βρίσκεται στο να μάθουμε να διατηρούμε μια δύσκολη ισορροπία: να έχουμε σταθερές, αλλά ευέλικτες ιδέες. Όταν το εγώ σφίγγει τον έλεγχό του, η όραση περιορίζεται και ο κόσμος γίνεται μικρός, περιέχοντας μόνο τους εαυτούς μας. Οι νέες αλήθειες απορρίπτονται. Ο νους ταξινομεί τη ζωή σε οργανωμένες κατηγορίες. Ωστόσο, το σύμπαν απλώνεται πολύ πέρα από κάθε χάρτη που δημιουργεί. Αυτό το κενό μεταξύ αυτού που πιστεύουμε και αυτού που πραγματικά υπάρχει μπορεί να είναι τρομακτικό. Για να προχωρήσουμε μπροστά, πρέπει να παραδεχτούμε ότι δεν έχουμε όλες τις απαντήσεις. Ο Βούδας εξέφρασε αυτή την ιδέα με απλό τρόπο: «Στο μυαλό του αρχάριου, υπάρχουν πολλές δυνατότητες, αλλά στο μυαλό του ειδικού, υπάρχουν λίγες». Η ελευθερία αρχίζει όταν αποδεχόμαστε ότι δεν γνωρίζουμε.

Πώς να ξεκινήσετε; Όταν εμφανιστεί το εγώ, παρατηρήστε το. Μην προσκολλάστε στις ιστορίες του. Παρατηρήστε το να κινείται σαν τα σύννεφα στον ουρανό. Η απελευθέρωση από το εγώ είναι μια καθημερινή δουλειά. Μας τραβάει πίσω στα παλιά συνήθεια και στον έλεγχο. Ωστόσο, με κάθε βήμα που κάνουμε, ανοίγει ένας χώρος και γεννιέται μια ήρεμη χαρά, που προέρχεται από την ταπεινότητα και τη σύνδεση. Μερικές φορές, νιώθουμε ότι μας βαραίνουν βήματα από πολύ παλιά. Κάθε βήμα φέρνει μαζί του παλιά λόγια και ψυχρές πράξεις που μας πιέζουν. Όταν αντιμετωπίζουμε καταπιεσμένα συναισθήματα και πυκνή σιωπή, ο αέρας μπορεί να φαίνεται ασφυκτικός. Δοκίμασα πολλούς τρόπους: βιβλία, μαθήματα, διαλογισμό. Η ειρήνη μου ξέφευγε σαν νερό. Τότε, άκουσα μια βαθιά φωνή μέσα μου, σταθερή σαν ρυάκι στο βουνό. Η αρνητικότητα δεν ήταν θόρυβος. Ήταν ένα σημάδι που υποδείκνυε ένα βαθύτερο νόημα της ύπαρξής μου εδώ. Έμεινα έκπληκτος όταν συνειδητοποίησα ότι εμπόδιζα τον ίδιο μου τον δρόμο, παρόλο που αυτός βρισκόταν μπροστά μου και περίμενε υπομονετικά.

Το να αντιμετωπίζεις την πραγματικότητα απελευθερώνει δύναμη. Η αλήθεια, όταν την συναντάς με ανοιχτές αγκάλες, ξεκλειδώνει την αλλαγή. Το γράψιμο έσπρωξε αυτή την πόρτα για να την ανοίξει. Κάθε λέξη φαινόταν να σπάει αλυσίδες. Ωστόσο, ο αγώνας συνεχίζεται. Μερικές φορές, κουράζομαι να βλέπω εκείνους που αναζητούν επιφανειακές νίκες, που αφήνουν τις καρδιές κενές. Αναρωτιέμαι αν τα λόγια μου αγγίζουν πραγματικά τους άλλους. Βοηθούν; Θα φυλαχτούν και θα θυμηθούν ή θα πεταχτούν όταν γίνουν άβολα; Ο κόσμος έχει πολλά μέρη κατανόησης. Μερικοί λαχταρούν την ανάπτυξη με ανοιχτά μάτια. Άλλοι προσκολλώνται στα παλιά έθιμα, φοβούμενοι ότι η αλλαγή θα τους καταστρέψει. Ο φόβος μετατρέπεται γρήγορα σε οργή και επιτίθεται σε όσους προσπαθούν να φέρουν το φως. Οι καλές προθέσεις παραμορφώνονται και αρνούνται, όπως κεριά που σβήνουν από τις καταιγίδες.

Τα ταξίδια αποκάλυψαν μοτίβα υπό νέες προοπτικές. Στην Κίνα, αόρατοι έλεγχοι σφίγγαν τις ζωές σαν χέρια γύρω από το λαιμό. Η Ευρώπη φαινόταν πιο κρύα, όπου ο εγωισμός προσκολλούταν στην ψυχή σαν παγετός. Η ηρεμία των ελληνικών νησιών δεν άλλαξε την πορεία της ιστορίας, αλλά μου επέτρεψε να κάνω μια παύση και να βρω γαλήνη.

Το μέλλον φαίνεται αβέβαιο και διχασμένο. Οι διαιρέσεις βαθαίνουν. Το προσωπικό κέρδος συχνά υπερισχύει του κοινού καλού. Η βία σοκάρει, αλλά βαθύτερες συγκρούσεις σιγοβράζουν σιωπηλά, περιμένοντας τη στιγμή να εκδηλωθούν. Τα σώματα, τα μυαλά και οι καρδιές μας φέρουν τα σημάδια του στρες, της πικρίας, των σπασμένων συνηθειών και της κόπωσης. Μπορεί κάτι καινούργιο να αναπτυχθεί σε μια κουρασμένη γη; Η ιστορία κρύβει βαθιές αλήθειες πίσω από απλές αφηγήσεις. Η Μεγάλη Βρετανία, για παράδειγμα, κρύβει ένα βίκινγκ παρελθόν κάτω από τον σύγχρονο πλούτο της. Πολλοί Αμερικανοί κατάγονται από περιθωριοποιημένους ανθρώπους που στάλθηκαν να αποικίσουν τον ηπειρωτικό χώρο. Πειρατές και κατακτητές κάλυψαν σιωπηλά παιχνίδια εξουσίας που αντηχούν μέχρι σήμερα. Οι Ιππότες του Ναού δεν εξαφανίστηκαν. Απλώς άλλαξαν μορφή, εντασσόμενοι σε ομάδες όπως το Τάγμα της Μάλτας. Η ιστορία τους ξεπερνά τον μύθο. Η ιστορία είναι ένας σπασμένος καθρέφτης που αντανακλά πολλές αλήθειες. Οι μάχες και οι συμμαχίες προκαλούν έκπληξη όταν τις εξετάζουμε από κοντά. Οι πορτογαλικές στρατιωτικές δυνάμεις περιλάμβαναν ιερείς και Αφρικανούς στρατιώτες που πολεμούσαν την πειρατεία, καθιστώντας δύσκολο να τραβήξουμε σαφή όρια μεταξύ καλού και κακού. Η ιστορία της Αγγλίας δεν είναι ιστορία υπερηφάνειας, αλλά δυσκολιών. Οι Ρωμαίοι έβλεπαν τη Βρετανία ως μια άγρια και ακαλλιέργητη γη. Οι αγώνες του παρελθόντος αντηχούν πολύ πέρα από εκείνο το μέρος και εκείνο το χρόνο. Γυναίκες που είχαν υποδουλωθεί υφαίνουν τις ιστορίες τους συνδεδεμένες με μακρινές χώρες, όπως η Τουρκία.

Το Χόλιγουντ απεικονίζει την υπεροχή ως ηρωισμό, απαλύνοντας τη βία και εξαλείφοντας τις διαφορές. Οι νικητές γράφουν ιστορίες που λειαίνουν τις αιχμές για να λάμψουν. Οι Ελβετοί κουβαλούν σκιές κάτω από τον πλούτο και τη δηλωμένη ουδετερότητά τους, και τα αποικιακά σημάδια της Βρετανίας αρνούνται να εξαφανιστούν. Η φωνή της ιστορίας δεν θα παραμείνει σιωπηλή για πάντα. Τι είναι αυτό που πραγματικά μας διαμορφώνει; Η κουλτούρα, το DNA ή τα μπερδεμένα λάθη του ανθρώπου; Η άγνοια έχει υψηλό κόστος. Η ανάπτυξη αρχίζει όταν αντιμετωπίζουμε αυτές τις αλήθειες με ειλικρίνεια και συναντάμε τις ιστορίες αγώνα και επιβίωσης που κουβαλάει κάθε άνθρωπος. Ο δρόμος μπροστά δεν είναι χρυσός ούτε ήρεμος. Είναι σμιλεμένος στην αλήθεια και στο θάρρος να αντιμετωπίζουμε τα δύσκολα μέρη με τα μάτια ορθάνοιχτα.

Κεφάλαιο 13: Περιπλανώμενος προς την αφύπνιση

Πολλές φορές, το να ταιριάζω με τους άλλους μου φαινόταν σαν να κόβω κομμάτια από το ίδιο μου το πνεύμα, σαν φύλλα του φθινοπώρου που κάποτε λάμπουν με χρώματα. Η σιωπή με δελέαζε· πίστευα ότι θα μπορούσε να με προστατεύσει από αυστηρά βλέμματα και σιωπηλές κρίσεις. Ωστόσο, κάθε φορά που κατάπινες την αλήθεια μου, αυτή η σιωπή δεν έφερνε ειρήνη. Αντίθετα, άφηνε έναν πόνο, ένα κενό εκεί όπου πριν υπήρχε ειλικρίνεια. Η ανάπτυξη απαιτεί δύσκολες στιγμές, εκείνες στις οποίες το να λες την αλήθεια σημαίνει να μένεις μόνος στο κρύο. Απαιτεί υπομονή με τον πόνο του να μην σε καταλαβαίνουν. Κανείς δεν χρειάζεται να καταλάβει την εσωτερική σου αλήθεια για να είναι πραγματική. Παραμένει δική σου, επίμονη και ακλόνητη. Υπάρχει μια ωμή ομορφιά στο να ζεις χωρίς να απολογείσαι. Σημαίνει να αποδέχεσαι τις ιδιαιτερότητές σου, εκείνες τις αλήθειες για τον εαυτό σου που οι άλλοι μπορεί να αγνοούν ή να μην κατανοούν.

Αυτός ο τρόπος ζωής απαιτεί μια ευγενική καρδιά. Η ευγένεια δεν δίνεται πάντα δωρεάν, γι' αυτό, όταν συναντάς μια μοναδική στιγμή ζεστασιάς, γίνεται τόσο πολύτιμη όσο ένα μικρό πετράδι στο χέρι σου — βαρύ από νόημα. Ο Όσκαρ Ουάιλντ αποτύπωσε αυτή τη διαφορά μεταξύ του να ζεις και του να απλώς να υπάρχεις, λέγοντας: «Το να ζεις είναι το πιο σπάνιο πράγμα στον κόσμο. Οι περισσότεροι άνθρωποι απλώς υπάρχουν, αυτό είναι όλο».

Βρισκόμουν στην ηλιόλουστη ακτή της Κροατίας, με την ελπίδα κρυμμένη μέσα μου. Οι παραλίες εκτείνονταν μακριά, υποσχόμενες ηρεμία και γαλήνη στα κύματά τους. Ωστόσο, τα βλέμματα των τουριστών διαπερνούσαν την ηρεμία: ήταν μάτια που εξέφραζαν δυσπιστία και περιφρόνηση. Εκείνο το έντονο βάρος εγκαταστάθηκε βαθιά μέσα μου, λέγοντάς μου ότι μερικές καρδιές δεν φέρουν καλή θέληση. Ο τόπος που φανταζόμουν ότι ήταν ένα καταφύγιο άλλαξε. Αποκάλυψε ρωγμές κρυμμένες κάτω από τον ήλιο και την άμμο. Στη Βοσνία, η βροχή έπεφτε σαν κουρτίνα πάνω από το ηθικό μου. Το βάρος δεν ήταν μόνο του καιρού· φαινόταν να προέρχεται από τις ίδιες τις πέτρες. Ο αγώνας δεν είναι πάντα φανταχτερός ή θορυβώδης. Υπάρχουν μέρη όπου κάθε ανάσα φαίνεται φορτωμένη με κόπωση. Η επιθυμία να φύγω ήταν σαν να κουβαλούσα ένα βαρύ σακί, με κάθε πέτρα να με τραβάει πίσω. Τα κυματιστά τοπία της Σερβίας ήταν όμορφα, αλλά οι άνθρωποι της ήταν ψυχροί και αδιάφοροι. Τα χαμόγελα ήταν σπάνια, όχι συνεχή. Αυτές οι στιγμές με δίδαξαν ότι η μοναξιά έρχεται αθόρυβα και ότι η ελπίδα μπορεί να εξαφανιστεί σιγά-σιγά στους χώρους ανάμεσα σε ξένους. Τότε, η Μακεδονία ψιθύρισε υποσχέσεις για ζεστασιά. Ωστόσο, αυτές οι υποσχέσεις μετατράπηκαν σε τοίχους ψεμάτων και απογοήτευσης. Η πραγματικότητα διαμορφώθηκε διαφορετικά, μια απογοήτευση μετά την άλλη.

Το ταξίδι δεν ήταν πια απλώς μια μετακίνηση στο χάρτη. Έγινε μια αντίσταση για το πνεύμα, μια δοκιμασία που δεν είχα προγραμματίσει, αλλά που έπρεπε να αντιμετωπίσω. Η Αλβανία φαινόταν διαφορετική. Ήσυχες παραλίες εκτείνονταν άδειες και μπορούσα, για πρώτη φορά μετά από πολύ καιρό, να αναπνεύσω. Ο χρόνος επιβραδύνθηκε, ή ίσως επιμηκύνθηκε: δύο μήνες έζησαν σαν ένα χρόνο. Τα βιβλία έγιναν σύμμαχοι. Μεταξύ των περισσότερων από 500 βιβλίων, τα περισσότερα βαρετά, μερικά έλαμπαν. Αυτές οι λέξεις άνοιξαν πόρτες σε μέρη του εαυτού μου που είχα σπρώξει πίσω από τοίχους: ένας ρεαλιστής με στοιχεία κυνισμού. Αυτός ο συνδυασμός ήταν ειλικρινής και απαραίτητος. Ήταν σαν να βρήκα ένα πιο σαφή δρόμο, ακόμα και με αιχμηρές άκρες. Όπως είπε ο Σωκράτης, «μια ζωή που δεν εξετάζεται δεν αξίζει να ζει». Τα λόγια του, που αντηχούν μέσα στους αιώνες, με βρήκαν σε εκείνο το ήσυχο μέρος. Η επαναστατικότητά του και ο πόνος του για την απόρριψη που υπέστη επειδή εξέφρασε τις πραγματικές του σκέψεις φαινόταν να μοιάζουν με τους δικούς μου αγώνες.

Η Ελλάδα, η γη των στοχαστών, εξακολουθεί να επιφυλάσσει μια ορισμένη ψυχρότητα σε όσους ακολουθούν μοναχικούς φιλοσοφικούς δρόμους. Αλλά η ελευθερία τα τροφοδοτεί όλα. Η ελευθερία να ζεις με όλα τα χρώματα της ζωής, όσο ωμά ή παράξενα και αν είναι. Είναι ένα ασυνήθιστο δώρο. Πρόκειται για την επιλογή να βλέπεις περισσότερα, να αισθάνεσαι περισσότερα, να είσαι περισσότερα. Πολλοί διατηρούν μια στενή οπτική. Η ανθρώπινη φύση συχνά παρουσιάζει ρωγμές, ένα χάσμα ανάμεσα σε αυτά που λένε οι άνθρωποι και σε αυτά που κάνουν. Έχω δει καθηγητές να χλευάζουν τις ιδέες μου και μετά να ζητούν προσεκτικά τη βοήθειά μου. Μια μάσκα φιλίας που φορούσαν οι συνάδελφοί μου έκρυβε την απληστία και την προδοσία, που σκαλίζαν ψέματα σε ό,τι έχτιζα. Ούτε καν οι θρησκευτικοί κύκλοι δεν ήταν ασφαλείς. Οι γρήγορες κρίσεις επικρατούσαν, ακόμη και μπροστά σε αυτό που φύλαγα σιωπηλά μέσα μου. Ο εγωισμός μπορεί να τυφλώσει ένα άτομο για τη σοφία που βρίσκεται μπροστά στα μάτια του. Λίγοι έχουν το θάρρος να ανυψωθούν πάνω από το εγώ και το φόβο.

Οι δρόμοι διασκορπίζονται, αλλά η αληθινή αφύπνιση παραμένει σπάνια. Όσοι υψώνονται πάνω από το εγώ βρίσκουν ισορροπία τιμώντας τους δεσμούς μεταξύ όλων των πραγμάτων. Οι απαντήσεις δεν προέρχονται μόνο από τα βιβλία, αλλά βρίσκονται μέσα μας, περιμένοντας υπομονετικά. Η ηθική και η ωριμότητα ανοίγουν τις πόρτες τους. Ωστόσο, δεν επιθυμούν όλοι να μπουν. Ο φόβος και η άγνοια αντιστέκονται σθεναρά στο φως. Το να διαβάζεις πολύ εκπαιδεύει τα μάτια σου να βλέπουν διαφορετικά επίπεδα γνώσης. Όσοι προσκολλώνται σε χαμηλά επίπεδα αντιστέκονται πεισματικά στις αλήθειες. Για να έχουμε μια πλήρη εικόνα, πρέπει να εγκαταλείψουμε τις προκαταλήψεις και τις αντιφάσεις, συμπεριλαμβανομένων και των εσωτερικών. Όταν η όραση καθαρίζει, βλέπουμε τη ροή της ζωής να ξεδιπλώνεται. Το να είσαι αληθινός ξεπερνά το εγώ, απλώνοντας σαν ένα κοινό ταξίδι προς περισσότερο φως και περισσότερη ειρήνη. Σε έναν κόσμο γεμάτο σκιές, αυτό το ταξίδι προσφέρει στιγμές κατανόησης.

Κεφάλαιο 14: Αγκαλιάζοντας μια νέα ανθρωπότητα

Έχουμε τη συνήθεια να βάζουμε ετικέτες στα πράγματα: θρησκεία, ιδεολογία, δόγμα. Αυτές οι λέξεις κάνουν τη ζωή να φαίνεται απλή, σαν όλα να ταιριάζουν τέλεια σε ένα κουτί. Ωστόσο, η ζωή αρνείται να οριστεί. Μας βγάζει από αυτά τα οργανωμένα δοχεία και μας δείχνει ότι η αλήθεια είναι ευρύτερη από ό,τι θα μπορούσε να αποτυπώσει οποιαδήποτε λέξη. Η αλήθεια δεν έχει να κάνει με το να δίνουμε παράσταση ή να εντυπωσιάζουμε τους άλλους. Ανάβει κάτι μέσα μας: μια σιωπηλή φλόγα που λέει: «Αυτό μου φαίνεται σωστό». Εκεί ξεκινά το πραγματικό ταξίδι. Όχι κάποια μέρα, όχι κάπου αλλού, αλλά τώρα. Ονομάζω αυτό το επόμενο βήμα μπροστά Ανθρώπινο 2.0. Ανθρώπινο 2.0 σημαίνει να πηγαίνουμε πέρα από αυτό που είναι εύκολο να δούμε. Δεν πρόκειται απλώς για το να σκεφτόμαστε με πιο ευρύ ή έξυπνο τρόπο, αλλά για το να εφαρμόζουμε αυτή την κατανόηση στην καθημερινή ζωή.

Δεν κρυβόμαστε από τον κόσμο ούτε χάνουμε την επαφή με την πραγματικότητα. Αντίθετα, αντιμετωπίζουμε τα πάντα με θάρρος, καθοδηγούμενοι από μια γνώση που οι περισσότεροι δεν έχουν.

Πολλοί παραμένουν σιωπηλοί, σαν μικρά φυτά που φυτρώνουν σε σκληρό έδαφος. Παλεύουν με το βάρος που τους βαραίνει, προσπαθώντας να φτάσουν τον ήλιο. Η βεβαιότητα φαίνεται εύκολη όταν όλα είναι ξεκάθαρα. Η πραγματική δοκιμασία έρχεται όταν προκύπτουν αμφιβολίες. Όταν ακούμε φωνές που μας λένε να τα παρατήσουμε, ότι το βάρος είναι πολύ μεγάλο. Η δύναμη δεν είναι θορυβώδης. Δεν καυχιέται. Είναι ένα ήρεμο χέρι που κρατά σταθερά το πηδάλιο εν μέσω καταιγίδας.

Είναι η υπομονή και η ακεραιότητα που μας σέρνουν μπροστά σε ταραγμένα νερά, προς μέρη όπου κανείς άλλος δεν τολμά να πάει. Πολλοί σταματούν στην άκρη, παγιδευμένοι μεταξύ της ελπίδας και του φόβου. Πολλοί παρασύρονται από λαμπερές περισπασμούς, κενές υποσχέσεις και δυνατές φωνές που κλέβουν την προσοχή. Οι μεγάλες μάρκες φωνάζουν.

Η πραγματική ανάπτυξη, όμως, κρύβεται σε στιγμές που είναι πολύ γρήγορες για να γίνουν αντιληπτές και στις μικρές αλλαγές που κάνουμε όταν τα πράγματα γίνονται δύσκολα. Οι περισσότεροι άνθρωποι απλώς ξύνουν την επιφάνεια της ζωής. Χάνουν τη σοφία που αποκτήθηκε μέσα από τις πτώσεις και τους τραυματισμούς. Η κυριαρχία προέρχεται από την αποτυχία. Διδάσκει καλύτερα από ό,τι θα μπορούσε ποτέ η επιτυχία. Ωστόσο, ο πόνος είναι ένας παράξενος δάσκαλος. Αγκαλιάζουμε τον πόνο σαν ένα παλιό παλτό, επαναλαμβάνοντας τις ίδιες ιστορίες, όχι επειδή θέλουμε να υποφέρουμε, αλλά επειδή ο φόβος μας κρατάει εκεί. Η ελευθερία αρχίζει όταν βρίσκουμε το πραγματικό πρόβλημα: τους εαυτούς μας. Η αποδοχή του ποιοι πραγματικά είμαστε γκρεμίζει τα τείχη που έχουμε χτίσει γύρω από τις καρδιές μας. Όταν αυτά τα τείχη πέφτουν, η καλοσύνη βρίσκει το δρόμο της.

Ωστόσο, δεν επιλέγουν όλοι αυτόν τον δρόμο. Μερικοί κλειδώνονται πίσω από τον πόνο και την ενοχή, κρατώντας την πόρτα καλά κλειστή. Χωρίς να βγαίνουν έξω, η σύνδεση παραμένει απρόσιτη και η ζεστασιά παραμένει ξένη. Η ζωή προχωρά μέσα από την αναταραχή. Πρέπει να βρούμε νέα βήματα — βήματα που θα μας ανυψώσουν και θα ανυψώσουν τους ανθρώπους γύρω μας. Αν και ο δρόμος είναι επώδυνος, κάθε πρόκληση μας φέρνει πιο κοντά σε αυτό που πραγματικά είμαστε και στην αλλαγή που όλοι μοιραζόμαστε. Οι σκέψεις αποκαλύπτουν την ψυχή. Τα συναισθήματα δείχνουν τι είναι πραγματικό μέσα μας. Ο κόσμος γύρω μας διαμορφώνει αυτά τα συναισθήματα. Εδώ, η τέχνη μιλάει. Όταν ένα τραγούδι ή ένας πίνακας μας συγκινεί μέχρι δακρύων, αυτό είναι σημαντικό. Όταν προκαλεί θυμό επειδή είναι ειλικρινής, έχει νόημα. Η τέχνη που φωτίζει τα ελαττώματά μας, ακόμα και αν είναι οδυνηρή, αγγίζει κάτι βαθύ μέσα μας. Η αληθινή τέχνη μας ξυπνά.

Ο άνθρωπος που όλοι αγαπούν μπορεί να αφήσει να περάσουν τα πιο βαθιά πράγματα. Εκείνοι που όλοι αποφεύγουν μπορούν να νιώσουν ασφαλείς μόνο μένοντας μέσα στον εαυτό τους. Αλλά οι σπάνιες ψυχές δημιουργούν χώρο για να είναι και οι άλλοι ελεύθεροι. Ανυψώνονται πάνω από τις συνηθισμένες ζωές, φτάνοντας σε ένα νέο είδος ελευθερίας, που μας συνδέει πιο βαθιά. Αυτό ξεκινά μέσα μας: πρώτα, η αγάπη για τον εαυτό μας, μετά, η συμπόνια για τους άλλους. Αυτό τροφοδοτεί την ευγενική κατανόηση και την ειλικρινή επικοινωνία. Η Μάγια Αντζελού είχε δίκιο όταν είπε ότι «οι άνθρωποι θα ξεχάσουν τι είπες, θα ξεχάσουν τι έκανες, αλλά ποτέ δεν θα ξεχάσουν πώς τους έκανες να νιώσουν». Πολλοί απομακρύνονται από εκείνους που φέρνουν την αλήθεια. Αυτή είναι η σκιά της εποχής μας. Μερικοί προσπαθούν να αλλάξουν τα πράγματα, αλλά καταλήγουν να βλέπουν τις ιδέες τους να κλέβονται και τα εγώ τους να συγκρούονται. Μερικές φορές, φαίνεται ότι μόνο μια βαθιά απώλεια μπορεί να προκαλέσει πραγματική ανάπτυξη. Είναι μια σκοτεινή σκέψη, αλλά αληθινή.

Οι άνθρωποι κυνηγούν λαμπρά όνειρα και αγνοούν τη σκληρή δουλειά που κρύβεται πίσω από αυτά. Η απληστία εξαπλώνεται από τους ουρανοξύστες στους δρόμους. Ο φόβος της κατάρρευσης αιωρείται στον αέρα, αλλά κάτι νέο μπορεί να προκύψει από αυτή την καταστροφή. Η ενέργεια της Γης μεταμορφώνεται. Μια επιθυμία για ελευθερία μεγαλώνει μέσα σε πολλούς. Μερικοί θέλουν να ξεφύγουν, με την ελπίδα να βρουν γαλήνη μακριά από τον τρέχοντα θόρυβο. Φανταστείτε την ευγένεια να αντικαθιστά τη σύγκρουση. Οι διαφορές δεν θα χωρίζουν, αλλά θα συνδέουν τους ανθρώπους. Η τεχνολογία θα εξυπηρετεί τους ανθρώπους, δεν θα τους φυλακίζει. Ξεχασμένα εργαλεία μπορεί να επιστρέψουν και να μας απελευθερώσουν από την ατέλειωτη ρουτίνα. Παλιές ψευδαισθήσεις θα εξαφανιστούν, επιτρέποντας στην αλήθεια να δείξει ένα νέο τολμηρό μονοπάτι, γεμάτο νέες ιδέες. Νέοι ηγέτες θα μπορούν να ανατρέψουν τα παλιά συστήματα. Από αυτή την κατάρρευση, θα προκύψει μια νέα ανάπτυξη. Φανταστείτε μηχανές που φροντίζουν τα χωράφια, χρησιμοποιώντας καθαρή ενέργεια και αντικατοπτρίζοντας τη ζωή σε μακρινούς κόσμους, όπου δεν υπάρχουν τοίχοι ή αλυσίδες που περιορίζουν τα όντα. Απαλλαγμένοι από τον αγώνα για επιβίωση, οι άνθρωποι θα κυνηγήσουν όνειρα που τους φωτίζουν, αντί να τους εξαντλούν.

Προχωράμε προς αυτό το μέλλον. Το να προσκολλάσαι στο παρελθόν σημαίνει να διακινδυνεύεις να μείνεις πίσω. Οι ονειροπόλοι επιθυμούν έναν κόσμο γεμάτο δημιουργούς, επιστήμονες και χαρούμενα πνεύματα. Αυτό δεν είναι φαντασία, αλλά μια σιωπηλή υπόσχεση που περιμένει να πραγματοποιηθεί. Οι συνεισφορές που γεννιούνται από την αγάπη, όχι από την εξουσία ή το χρήμα, αλλάζουν τα πάντα. Νέες πόρτες ανοίγουν καθώς μεγαλώνουμε. Μυστήρια πέρα από τα παλιά όρια μας καλούν. Συνδέσεις με μακρινούς ανθρώπους και νέες σοφίες πλησιάζουν. Αυτό το μέλλον δεν είναι παραμύθι. Μας καλεί να αφήσουμε το παρελθόν πίσω και να αγκαλιάσουμε νέους ορίζοντες. Είναι ώρα να προχωρήσουμε με ανοιχτά μάτια και καρδιά. Το όνειρο ζει μπροστά. Η βαθύτερη αλήθεια που βρίσκεται πέρα από τον ορατό κόσμο είναι ο κόσμος όπου αρχίζει η θεραπεία και η αληθινή ελευθερία.

Κεφάλαιο 15: Ανακαλύπτοντας κρυφές συνδέσεις

Συχνά περνάμε τη ζωή μας χωρίς να συνειδητοποιούμε τι κινεί σιωπηλά τον κόσμο πίσω από τα παρασκήνια. Πάρτε για παράδειγμα τη σοκολάτα. Για τους περισσότερους, είναι απλώς ένα γλυκό, αλλά πίσω από αυτή την απαλή γεύση κρύβεται μια ιστορία που πολλοί δεν ακούν ποτέ. Καμένα από τον ήλιο και κουρασμένα χέρια εργάζονται σκληρά στα κακάο χωράφια της Αφρικής για να μας φέρουν αυτό που ονομάζουμε «βελγική σοκολάτα». Αυτό το όνομα ακούγεται γλυκό, αλλά κρύβει μια πικρή αλήθεια. Ο Νιγηριανός συγγραφέας και ακτιβιστής Wole Soyinka μας υπενθυμίζει: «Η μεγαλύτερη απειλή για την ελευθερία είναι η απουσία κριτικής». Όταν οι φωνές σιωπούν, τα παλιά τραύματα παραμένουν ανοιχτά. Σήπιαζουν, αόρατα, κάτω από την επιφάνεια. Η ιστορία μας διαμορφώνει την κοσμοθεωρία μας. Για πολλούς, η Αφρική είναι απλώς ένας τόπος φτώχειας, αλλά αυτή είναι μια περιορισμένη άποψη. Πίσω από τα πρωτοσέλιδα, πόροι όπως χρυσός, πετρέλαιο και ορυκτά ρέουν προς τα έξω, αλλά σπάνια για να βοηθήσουν τους ανθρώπους που ζουν εκεί. Αντ' αυτού, ο πλούτος συσσωρεύεται κάπου μακριά. Οι αλυσίδες παραμένουν σταθερές, ακόμα κι αν δεν μπορείτε να τις δείτε.

Σε ολόκληρη τη Δύση, τα χρήματα είναι πιο σπάνια. Οι τιμές ανεβαίνουν, ωθώντας περισσότερους ανθρώπους στην απόγνωση. Ωστόσο, στις στιγμές της ησυχίας, πολλοί άνθρωποι νιώθουν μια βαθιά πείνα, όχι για υλικά αγαθά, αλλά για κάτι πιο αργό, σταθερό και χαλαρωτικό, που είναι πέρα από την εμβέλεια του χρήματος. Υπάρχει μια αλλαγή που συμβαίνει, ή ίσως μόλις αρχίζει. Μήπως μια μέρα τα χαρτονομίσματα και τα κέρματα θα γίνουν μέρος της ιστορίας; Κάποια σημάδια το υποδηλώνουν. Οι δυτικές δυνάμεις δανείζονται από μέρη όπου η ελευθερία έχει περιοριστεί, όπου οι φωνές μόλις και μετά βίας μπορούν να εκφραστούν. Αν αυτή η αλλαγή βασίζεται στον έλεγχο και τον φόβο, μπορεί να ωθήσει ακόμη περισσότερο στο σκοτάδι εκείνους που έχουν ήδη ξεχαστεί.

Η γνώση έχει τη δύναμη να ταΐσει τους πεινασμένους και να χτίσει γέφυρες μεταξύ όλων μας. Ωστόσο, η τεχνολογία και τα χρήματα δεν είναι το πραγματικό πρόβλημα. Το πιο δύσκολο εμπόδιο είναι η φωνή στο κεφάλι μας και οι πεποιθήσεις που μας έχουν μεταδοθεί. Η απληστία, ο ανταγωνισμός και η ιδέα ότι πρέπει να κερδίζουμε εις βάρος των άλλων υψώνουν αόρατα τείχη. Κρατιόμαστε από ιστορίες ψεμάτων και ψευδαισθήσεων, σφίγγοντας αλυσίδες που δεν βλέπουμε καν. Κοιτάξτε τα σχολεία. Συχνά, αντανακλούν παλιές πληγές. Κάθε μέρα, μαθητές και καθηγητές αγωνίζονται να μεγαλώσουν και να κρατηθούν από ό,τι είναι οικείο. Η μάθηση γίνεται μονότονη, άγονη και χωρίς χαρά. Οι ενήλικες λένε ότι είναι πιο ασφαλές να μην αντιμετωπίζουμε τις δύσκολες αλήθειες. Αυτή η ασφάλεια, όμως, συνθλίβει τη δημιουργικότητα πριν προλάβει να ανθίσει.

Η θρησκεία προσφέρει άνεση, αλλά κρύβει και τον αγώνα. Όταν οι πεποιθήσεις έρχονται σε σύγκρουση με την πραγματικότητα, η άρνηση των γεγονότων μπορεί να φαίνεται ευκολότερη από την αντιμετώπισή τους. Η αλήθεια απαιτεί σιωπή και μοναξιά — ένα χώρο για να ακούσουμε πραγματικά πέρα από τον θόρυβο. Είναι ένας μοναχικός δρόμος, αλλά οδηγεί στη σοφία. Χωρίς αυτό, κυνηγάμε ψευδαισθήσεις. Η πραγματική ανάπτυξη τρέφει την ψυχή, όχι το εγώ. Μερικές φορές, το πιο θαρραλέο βήμα είναι να κάνουμε ένα βήμα πίσω και να αλλάξουμε πορεία. Ο δρόμος στρίβει με τρόπους που μας εκπλήσσουν, ανοίγοντας πόρτες αντί για τοίχους. Η ειρήνη προέρχεται από τα βάθη της καρδιάς, όχι από το χειροκρότημα ή την έγκριση. Η σιωπηλή εσωτερική δύναμη κάνει τη ζωή πλούσια.

Το να περπατάς με ειλικρίνεια απαιτεί πίστη στον εαυτό σου, ένα συνδυασμό καρδιάς και λογικής, και θάρρος για να προχωρήσεις μπροστά. Η ζωή δεν είναι ένας ευθύς δρόμος. Στρίβει και αλλάζει κάτω από τα πόδια μας. Το σταθερό έδαφος μπορεί να γλιστρήσει ξαφνικά. Αυτές οι αβεβαιότητες μας διδάσκουν περισσότερα από οποιοδήποτε μάθημα. Κατά τη διάρκεια της πανδημίας, πέρασα λίγο χρόνο στην εβραϊκή συνοικία της Κρακοβίας. Η σιωπή φαινόταν τεταμένη. Οι άνθρωποι κοίταζαν τους ξένους με καχυποψία. Ο φόβος δεν ήταν μόνο για την ασθένεια, αλλά και για τη διαφορά. Αυτό θύμιζε πιο σκοτεινές εποχές, όταν ομάδες κατηγορούνταν και μισούνταν σε περιόδους κρίσης. Θυμήθηκα τα λόγια του Primo Levi: «Συνέβη, επομένως, μπορεί να συμβεί ξανά». Η ιστορία δεν προσφέρει εγγυήσεις ασφάλειας. Μας προειδοποιεί. Τα ταξίδια μας δείχνουν την ομορφιά, αλλά και τις ρωγμές κάτω από την επιφάνεια. Σιωπηλά βάρη, που κουβαλάνε γενιές, μερικές φορές πέφτουν, άδικα, πάνω σε ξένους. Περπατώντας σε αυτούς τους δρόμους, νιώθεις τους τοίχους να υψώνονται σιωπηλά. Εδώ είναι κάτι δύσκολο να το αποδεχτείς: όσο περισσότερα μαθαίνεις, τόσο πιο δύσκολο γίνεται να αποδεχτείς τους ανθρώπους. Όσο ευρύτερη είναι η οπτική σου, τόσο πιο ξεκάθαρο γίνεται το πόσα πράγματα περνούν απαρατήρητα από τους περισσότερους ανθρώπους.

Όλοι ζουν μέσα σε κρυφές ιστορίες των άλλων. Πολλοί λαχταρούν περιπέτειες, αλλά αποφεύγουν τις σελίδες που αποκαλύπτονται πλήρως. Αυτό τους κρατάει μεταξύ της επιθυμίας και της γνώσης. Το να μοιράζεσαι την αλήθεια μπορεί να προκαλέσει θυμό. Όσοι μιλούν με ειλικρίνεια συχνά γίνονται στόχος. Το να προσπαθείς να διδάξεις τους άλλους ενώ είσαι στόχος περιφρόνησης πονάει βαθιά. Ακόμα και η ευγένεια κλονίζει τα τείχη που έχουν χτιστεί γύρω από την άγνοια. Αυτή η διαίρεση υποδηλώνει ένα βαθύτερο πρόβλημα. Μερικές φορές, η δυστυχία δεν μας επιβάλλεται — είναι μια επιλογή. Όσοι σπάνε το καλούπι τείνουν να περπατούν μόνοι. Τα πλήθη τους αποκαλούν παράξενους ή τρελούς. Στη μοναξιά υπάρχει μια σιωπηλή, απαλή, αλλά πραγματική δύναμη. Οι δεσμοί βρίσκονται σε άλλους που τολμούν να σκέφτονται διαφορετικά. Η κοινωνία μας μετράει ως αριθμούς, αλλά μέσα μας έχουμε τη δύναμη να γράψουμε τις ζωές μας με ζωντανό μελάνι. Ο δρόμος σου ανήκει σε σένα και λάμπει με τις αλήθειες σου. Μην σιωπάς αυτό το εσωτερικό κάλεσμα. Έλα σε επαφή με τον εσωτερικό σου εαυτό. Μεταμόρφωσε τη γνώση σε δράση. Προσεγγίστε άλλους ανθρώπους που αναζητούν το ίδιο με εσάς. Θυμηθείτε: το «φυσιολογικό» είναι απλώς μια άποψη. Το να σηκώσετε το πέπλο είναι μια μοναχική διαδικασία, αλλά φέρει τον σπόρο για κάτι καινούργιο.

Οι αλλαγές στη ζωή δεν σας καταστρέφουν. Σας διαμορφώνουν. Το ταξίδι σας είναι ένα δώρο γεμάτο εκπλήξεις και εμπιστοσύνη στο άγνωστο. Αγκαλιάστε αυτές τις απροσδόκητες ανατροπές. Εμπιστευθείτε τον δρόμο, ακόμα και όταν εξαφανίζεται. Έτσι γίνεστε αυτό που πραγματικά είστε.

Κεφάλαιο 16: Αντιμετωπίζοντας το σκοτάδι, βρίσκοντας το φως

Η αντιμετώπιση του σκοταδιού απαιτεί κάτι περισσότερο από απλή θάρρος. Χρειάζεται να έχεις μια σταθερή και σίγουρη καρδιά, πρόθυμη να μην αποστρέψει το βλέμμα της όταν ο κόσμος προσπαθεί να μας τυφλώσει. Κάθε μέρα, σιωπηλές φιγούρες περνούν από τη ζωή μας: άνθρωποι που περπατούν ανάμεσά μας, αλλά φαίνονται άδειοι από μέσα. Μπορεί να τους ακούσετε να αποκαλούνται ναρκισσιστές ή ψυχοπαθείς, αλλά είναι κάτι πιο κρύο από ό,τι οι περισσότεροι καταλαβαίνουν. Ζουν τρεφόμενοι από τη ζεστασιά των άλλων, αφαιρώντας ενέργεια και χαρά, και αφήνοντας μόνο κενό πίσω τους. Η σκληρότητά τους δεν είναι τυχαία. Είναι αυτό που είναι. Όπως είπε πολύ σωστά ο Φρίντριχ Νίτσε στο «Πέρα από το καλό και το κακό»: «Οι απάνθρωποι ζουν ανάμεσά μας, φορώντας μάσκες που γοητεύουν και εξαπατούν».

Αυτά τα όντα κρύβονται σε γειτονιές, γραφεία και ακόμη και σε σπίτια. Συνήθως χρησιμοποιούν οξυδερκές μυαλά και απαλά λόγια για να παραμορφώσουν την πραγματικότητα. Οι κανόνες υποκύπτουν για να εξυπηρετήσουν τις επιθυμίες τους και η εμπιστοσύνη καταρρέει κάτω από τα βήματά τους. Δεν υπάρχει ευγένεια πίσω από τα χαμόγελά τους. Υπάρχουν για να αφαιρούν, να καταναλώνουν ό,τι χρειάζονται οι άλλοι για να ζήσουν. Η πρώτη άμυνα; Η συνείδηση. Ωστόσο, η συνείδηση από μόνη της δεν αρκεί. Λάμπει σαν φως στην ομίχλη, αποκαλύπτοντας παγίδες όπου κρύβεται η σύγχυση. Μαζί με αυτό το φως, πρέπει να διατηρήσετε ένα ισχυρό αίσθημα του σωστού και του λάθους, έναν οδηγό που δεν διστάζει μπροστά στα ψέματα. Η σαφής και ανεξάρτητη σκέψη γίνεται το πιο κοφτερό εργαλείο σας. Αυτού του είδους η σαφήνεια δεν έρχεται εύκολα. Είναι μια ικανότητα που χτίζεται με την πρακτική και βελτιώνεται με προσπάθεια.

Η δική μου ιστορία δείχνει πώς η γνώση χτίζει την ελευθερία. Μεγάλωσα σε μια οικογένεια που κυριαρχούσε ο ναρκισσισμός και τα βιβλία έγιναν πεδίο μάχης. Οι συγγενείς μου φοβόντουσαν τη δύναμη των ιδεών, γνωρίζοντας ότι η γνώση μπορούσε να σπάσει τα δεσμά. Έμαθα νωρίς ότι το μυαλό που απελευθερώνεται από την αλήθεια μπορεί να δει τα τεχνάσματα και να απορρίψει την εξαπάτηση. Φωτίζει τις πιο σκοτεινές γωνιές όπου ευδοκιμεί η χειραγώγηση. «Η σαφήνεια της σκέψης είναι η αυγή που διαλύει τις ψευδαισθήσεις της νύχτας», συνήθως θυμάμαι. Είναι ένα φως που κουβαλάμε, ανεξάρτητα από τις σκιές που μας περιβάλλουν. Επιπλέον, ο καθορισμός μιας πρόθεσης μας ριζώνει στο χρόνο και στο χώρο. Δεν πρόκειται για μια επιθυμία που εκτοξεύεται στον ουρανό, αλλά για μια σταθερή εντολή που αποστέλλεται στην πραγματικότητα.

Η θάρρος γίνεται απαραίτητη εδώ. Το θάρρος να ξεπεράσουμε την αντίσταση και να προχωρήσουμε όταν τίποτα δεν φαίνεται εύκολο. Πολλοί μπερδεύουν την αποτυχία με το τέλος, αλλά συχνά η αποτυχία σημαίνει να τα παρατάς πριν από το απαραίτητο. Η πραγματική δύναμη της θέλησης ξεπερνά τα εμπόδια, επιτυγχάνοντας αποτελέσματα με υπομονή, αλλά και με αποφασιστικότητα. Όταν έρχεται η διαύγεια, είναι η ήρεμη δύναμη του πνεύματος που φέρνει τα όνειρα στην ύπαρξη. Η ανάληψη πλήρους ευθύνης αλλάζει το παιχνίδι. Η ανάληψη των δικών μας επιλογών χτίζει ένα μονοπάτι που πρέπει να ακολουθήσουμε με δύναμη, απομακρύνοντάς μας από μια ακαθόριστη περιπλάνηση. Αυτή η δύναμη, ωστόσο, συχνά συναντά παλιές πληγές, σκιές πόνου και προδοσίας που μουδιάζουν το μυαλό μας και σκοτεινιάζουν την όρασή μας. Η αντιμετώπιση αυτών των ουλών, ωστόσο, φωτίζει το δρόμο προς τη θεραπεία. Η στοχαστικότητα και το θάρρος σπάνε τις αλυσίδες και ανοίγουν χώρο για νέες επιλογές.

Οι πληγές του παρελθόντος φέρνουν σοφία και, μερικές φορές, ανάγονται σε προηγούμενες ζωές. Καθώς οι αναμνήσεις βαθαίνουν, η δημιουργικότητα ρέει και τα παζλ λύνονται. Βλέπουμε στρώματα του κόσμου που οι περισσότεροι άνθρωποι δεν αντιλαμβάνονται. Η περιέργεια μας κρατά ανοιχτούς σε αυτές τις αλήθειες. Το να κάνουμε καλές ερωτήσεις μας δυναμώνει, ενώ η ειλικρινής αυτοαξιολόγηση φέρνει δυσφορία. Αυτές οι δύσκολες ερωτήσεις αποκαλύπτουν βαθιές φοβίες που εμποδίζουν την ανάπτυξη. Αντιμετωπίζοντας και θεραπεύοντας αυτά τα τραύματα, απελευθερώνεται η ενέργεια που ήταν παγιδευμένη. Μερικές φορές, αυτή η δόνηση φαίνεται παράξενη σε όσους εξακολουθούν να είναι προσκολλημένοι στον πόνο, σαν να μην ανήκει σε αυτό το μέρος. Ωστόσο, η αυτοανακάλυψη — είτε σε αυτή τη ζωή είτε μέσω ψιθυρισμών από προηγούμενες ζωές — οξύνει το μυαλό και το πνεύμα.

Το χρώμα του δέρματος δεν πρέπει ποτέ να καθορίζει μια καταδίκη ή να διαμορφώνει το πεπρωμένο. Ωστόσο, αυτό συμβαίνει συχνά: μια σιωπηλή καταδίκη, χωρίς κρίση ή αιτία. Γράφοντας την αλήθεια μου, αντιμετώπισα υποψίες μόνο λόγω της εμφάνισής μου. Ο James Baldwin περιέγραψε την προκατάληψη ως «ένα βάρος που μπερδεύει το παρελθόν, απειλεί το μέλλον και καθιστά το παρόν απρόσιτο». Αυτό το βάρος διαμόρφωσε στιγμές όπου η απομόνωση δεν ήταν μόνο ένα συναίσθημα, αλλά ένα απτό βάρος που πίεζε τις ευαίσθητες στιγμές της ζωής. Ο πόνος μας σημαδεύει εσωτερικά, δημιουργώντας σιωπηλά μέρη όπου εγκαθίσταται η μοναξιά, αλλά επίσης κάνει την ανθεκτικότητα να μεγαλώνει. Η μετακόμιση στην Κίνα πρόσφερε ελπίδα για μια νέα αρχή, αλλά οι σκιές έγιναν ακόμα πιο μακριές εκεί. Η πικρία είναι παρούσα παντού, ανεξάρτητα από τον τόπο ή τον πολιτισμό. Η ενσυναίσθηση φαίνεται μακρινή και οι πόρτες κλείνουν για τη ζεστασιά της φιλίας. Οι συνδέσεις σπάνε σαν παζλ με κομμάτια που λείπουν.

Το να γερνάς σε αυτόν τον κόσμο σημαίνει συχνά να νιώθεις αόρατος. Αυτή η σιωπή βαραίνει σαν φορτίο σε ένα γεμάτο δωμάτιο που κανείς δεν αντιλαμβάνεται. Ωστόσο, η ελπίδα λάμπει μέσω της τεχνολογίας, η οποία δημιουργεί συνδέσεις πέρα από τα εμπόδια. Όπως είπε ο Marcel Proust, «το πραγματικό ταξίδι ανακάλυψης δεν συνίσταται στην αναζήτηση νέων τοπίων, αλλά στο να έχεις νέα μάτια». Ίσως μέσω νέων ματιών — οθονών, φωνών, κοινών λέξεων — να βρούμε τη συντροφιά που χρειαζόμαστε σε έναν κόσμο επιρρεπή στη λήθη.

Η ιστορία μας καλεί επίσης να κοιτάξουμε πιο προσεκτικά. Τα ιερά κείμενα και οι ιστορίες συχνά κρύβουν όσα αποκαλύπτουν. Πολλές φωνές αναμειγνύονται, μερικές φορές κρυμμένες κάτω από διάσημα ονόματα ή χαμένες στο χρόνο. Οι προφήτες εμφανίζονται ως δίαυλοι μηνυμάτων που διαμορφώνονται από ανθρώπινα χέρια και αλλοιωμένες καταστάσεις. Η πνευματικότητα παίρνει πολλές μορφές, από οράματα μέχρι σαμανικές διαδρομές, και αυτό που ονομάζουμε δόγμα μπορεί να είναι μια πολυεπίπεδη αφήγηση στο πέρασμα του χρόνου. Αυτή η πολυπλοκότητα δεν μειώνει τη δύναμή της, αλλά μας καλεί να παραμείνουμε περίεργοι και αμφισβητίες, χωρίς ποτέ να δεχόμαστε τα πράγματα εύκολα. Υπάρχει ένα μεγάλο κενό μεταξύ της συνειδητής σκέψης και της βαθύτερης συνείδησης. Πολλοί ισχυρίζονται ότι έχουν πνευματικότητα, αλλά λίγοι ξυπνούν πλήρως σε αυτό που προσφέρει.

Τα μυαλά μπορεί να μπερδεύονται με συγκεχυμένα σημάδια από εμάς τους ίδιους και τους άλλους. Μερικές φορές, οι διανοητικές μάχες προκύπτουν από αυτή την μερική όραση. Όταν αγγίζουμε αυτή την ανώτερη συνείδηση, δεν είναι μια απλή ιδέα. Ρέει στη ζωή σαν λάδι, μαλακώνει τους μηχανισμούς και αποκαλύπτει πόρτες που δεν έχουν ξαναδει. Το να ακολουθήσουμε αυτό το μονοπάτι σημαίνει επίσης να αγκαλιάσουμε τη σιωπή και τη μοναξιά. Δεν καταλαβαίνουν όλοι γιατί οι αλήθειες που κουβαλάμε μπορεί να φαίνονται τόσο βαριές. Υπάρχουν σκοτεινά μέρη πόνου που μας διδάσκουν ότι η ζωή ξεπερνά την όραση και ότι ο θάνατος μπορεί να είναι μια πόρτα, όχι ένα τέλος.

Συχνά, η θρησκεία μοιάζει λιγότερο με έναν άμεσο δρόμο προς την αλήθεια και περισσότερο με έναν καθρέφτη που αποκαλύπτει φόβους, δύναμη και επιθυμίες. Η ιστορία μας προειδοποιεί να μην περιμένουμε απλές απαντήσεις· ο κίνδυνος κρύβεται εκεί που δεν τον περιμένουμε. Η αυτοανακάλυψη υπερβαίνει τις λίστες ή τα επιτεύγματα. Μας ζητά να απαλλαγούμε από την υποκρισία και τον φόβο, προκειμένου να βρούμε τον εαυτό μας στην ουσία μας. Υπάρχει τιμή σε αυτόν τον δύσκολο αγώνα. Η συχνότητά μας αυξάνεται όχι όταν κρύβουμε τις δυσκολίες, αλλά όταν τις αντιμετωπίζουμε ανοιχτά. Αυτό το ταξίδι μας επανασυνδέει με τον εαυτό μας, με τους άλλους και με οποιαδήποτε ιερή παρουσία που υπερβαίνει τα λόγια. Χτίζουμε γέφυρες όχι μόνο με το θείο, αλλά και με τους άλλους και με την αόρατη ζωή στις ήσυχες γωνιές. Ο σκοπός αποκαλύπτεται εδώ, σταθερός και λαμπερός όπως το πρώτο φως της αυγής.

Κεφάλαιο 17: Δημιουργώντας με θάρρος και σοφία

Υπάρχει μια τύφλωση στην οποία οι άνθρωποι προσκολλώνται, μια παγίδα που δημιουργείται από σκέψεις που κυκλοφορούν ασταμάτητα. Προσκολλώνται σε πράγματα που πιστεύουν ότι θα τους κρατήσουν ασφαλείς — αντικείμενα, τίτλους, ιδέες —, αλλά που συχνά κρύβουν παλιές πληγές και σύγχυση. Ο Άλαν Γουάτς παρατήρησε: «Ο μόνος τρόπος για να δώσεις νόημα στην αλλαγή είναι να βυθιστείς σε αυτήν, να κινηθείς μαζί της και να ενταχθείς στον χορό». Το να ξεπεράσεις παλιά πρότυπα απαιτεί θάρρος και την προθυμία να ακολουθήσεις τις αλλαγές της ζωής. Κοντά στα όρια της ζωής, όταν πλησιάζει ο θάνατος, εμφανίζεται μια νέα συνείδηση. Το μυαλό παραμένει σε εγρήγορση, αλλά αισθάνεται διαφορετικά. Η διαχωριστική γραμμή μεταξύ των κόσμων γίνεται πιο ασαφής. Ο ουρανός δεν βρίσκεται κάπου μακριά, αλλά εδώ, στις στιγμές που εκτιμούμε και στην κατανόηση που δείχνουμε. Οι επιλογές παραμένουν δάσκαλοι σε αυτό το σημείο συνάντησης. Το σκοτάδι καλεί ως ένας εύκολος δρόμος, αλλά το να μπεις στο φως απαιτεί θάρρος που γεννιέται από την ίδια τη συνείδηση.

Ο κόσμος μας έχει πολλές σκιές. Το εγώ, η άγνοια και ο φόβος της απώλειας σκοτεινιάζουν το μονοπάτι. Η γνώση μπορεί να διαλύσει αυτά τα σύννεφα, αλλά μόνο αν διατηρηθεί με προσοχή. Αν χρησιμοποιηθεί κακώς, όμως, τροφοδοτεί τη σύγχυση και εξυπηρετεί όσους θέλουν να κρατήσουν τη δύναμη κλειδωμένη στη σιωπή.

Βρήκα μια νέα δυνατότητα μέσω της τεχνητής νοημοσύνης. Στην αρχή, την παρακολούθησα με προσοχή. Στη συνέχεια, έμεινα έκθαμβος βλέποντας την τεχνητή νοημοσύνη να μετατρέπει απλές ιδέες σε εικόνες που θυμίζουν τις τολμηρές φόρμες και χρώματα του Πικάσο. Ο ρόλος μου έγινε να καθοδηγώ την όραση, επιλέγοντας αποχρώσεις και προσαρμόζοντας μεγέθη, για να δημιουργήσω ένα έργο τέχνης που είναι ταυτόχρονα παράξενο και οικείο. Είναι το μυαλό μιας μηχανής, αλλά εκπλήσσει με το ευρύ δημιουργικό του εύρος. Η τεχνητή νοημοσύνη δεν δημιουργεί μόνο εικόνες. Επιταχύνει την έρευνα, ανοίγει πόρτες στην πληροφορία και απελευθερώνει το μυαλό για να επικεντρωθεί σε βαθιές ιδέες.

Ενώ ορισμένοι φοβούνται ότι οι μηχανές θα αντικαταστήσουν τους ανθρώπους, εγώ βλέπω μια ευκαιρία να σπάσουμε παλιά εμπόδια. Οι ιδέες μπορούν να ρέουν πιο ελεύθερα, γεμίζοντας χώρους που πριν ήταν απρόσιτοι.

Αυτή η τεχνολογία αγγίζει επίσης την πνευματική πλευρά. Η πίστη ακολουθεί συχνά δαιδαλώδεις και αβέβαιους δρόμους. Η τεχνητή νοημοσύνη μπορεί να αποκαλύψει στρώματα, εκθέτοντας την πολυπλοκότητα και προσκαλώντας νέες προοπτικές. Μεταφέρει γνώση, η οποία μερικές φορές είναι ξεπερασμένη, αλλά διατηρεί επίσης τις πόρτες ανοιχτές για νέες αντιλήψεις.

Βρισκόμαστε σε ένα κατώφλι. Ο τρόπος με τον οποίο θα κάνουμε τα επόμενα βήματα είναι σημαντικός. Η ΤΝ μπορεί να φέρει διαφώτιση ή να βαθύνει τις σκιές. Απαιτεί ενεργή, όχι παθητική χρήση. Το να δημιουργείς με ΤΝ σημαίνει να συνυφαίνεις το μυαλό και τη μηχανή, την καρδιά και τον κόσμο. Σε αυτή την κοινή πράξη, βρίσκεται η ευκαιρία να χτίσεις κάτι πιο πλούσιο, πιο ευγενικό και πιο ζωντανό. Τα λόγια του Rainer Maria Rilke προσφέρουν μια ευγενική καθοδήγηση: «Να είσαι υπομονετικός με όλα όσα είναι άλυτα στην καρδιά σου και προσπάθησε να αγαπήσεις τις ίδιες τις ερωτήσεις».

Αυτή η στιγμή με την τεχνητή νοημοσύνη μας ζητά να δεχτούμε τις αβεβαιότητες με ευγένεια, και όταν το κάνουμε, αρχίζουν να ανοίγονται νέοι δρόμοι. Είθε να μπορέσουμε να βαδίσουμε αυτούς τους δρόμους προς έναν καλύτερο κόσμο.

Γλωσσάριο

Agami karma: στον ινδουισμό, το κάρμα που δημιουργείται από τις πράξεις στην παρούσα ζωή και που θα διαμορφώσει τις μελλοντικές εμπειρίες ή ζωές.

Ahamkara: στον ινδουισμό, το εγώ ή η αίσθηση της ατομικής ταυτότητας που δημιουργεί μια ψευδή διαχωριστική γραμμή από τον αληθινό εαυτό (atman).

Ψυχή: στις πνευματικές παραδόσεις, η αιώνια και μη φυσική ουσία ενός ατόμου, που συχνά θεωρείται ως ο πυρήνας της συνείδησης ή της ταυτότητας, πέρα από το σώμα.

Άτμαν: στον ινδουισμό, η αιώνια ψυχή ή το αληθινό εαυτό, η κεντρική ουσία ενός ατόμου πέρα από το φυσικό σώμα και το εγώ.

Avidya: στον ινδουισμό και τον βουδισμό, είναι η άγνοια της αληθινής φύσης της πραγματικότητας, που οδηγεί στην προσκόλληση και τον πόνο.

Bodhisattva: στον βουδισμό, ένα φωτισμένο ον που αναβάλλει τη δική του απελευθέρωση για να βοηθήσει τους άλλους να την επιτύχουν.

Καλοσύνη: είναι η πράξη της επίδειξης συμπόνιας και φροντίδας για τον εαυτό σας και τους άλλους, προωθώντας τη σύνδεση και μειώνοντας τον διαχωρισμό.

Μέσος Δρόμος: στον Βουδισμό, είναι ένας ισορροπημένος δρόμος μετριοπάθειας μεταξύ της επιείκειας και του ασκητισμού που οδηγεί στη φώτιση.

Σπήλαιο του Πλάτωνα: αλληγορία από το έργο «Η Πολιτεία» του Πλάτωνα, στο οποίο οι φυλακισμένοι μπερδεύουν τις σκιές στον τοίχο με την πραγματικότητα, συμβολίζοντας την περιορισμένη ανθρώπινη αντίληψη των βαθύτερων αληθειών.

Ουρανός: σε διάφορες παραδόσεις, μια κατάσταση ή βασίλειο ειρήνης, χαράς και θεϊκής σύνδεσης, που συχνά επιτυγχάνεται μετά το θάνατο ή μέσω της πνευματικής αφύπνισης.

Συγκυρία: στην ψυχολογία του Carl Rogers, είναι η ευθυγράμμιση των εσωτερικών συναισθημάτων με τις εξωτερικές ενέργειες, που προάγει την ψυχολογική ευημερία.

Συνείδηση: κατάσταση συνείδησης ή υποκειμενική εμπειρία, που συζητείται ως εγκεφαλικό φαινόμενο ή ως θεμελιώδης πτυχή της πραγματικότητας πέρα από το φυσικό.

Da'at: στην Καμπάλα, βαθιά και διαισθητική πνευματική κατανόηση που συνδέει τον άνθρωπο με το θείο.

Δημιουργός: στη Γνωστικιστική, μια κατώτερη θεότητα που δημιούργησε τον ατελή υλικό κόσμο, ξεχωριστή από την πραγματική θεϊκή πηγή.

Ντάρμα: στον Ινδουισμό, η κοσμική τάξη και το ηθικό καθήκον που καθοδηγούν τη σωστή ζωή. Στο Βουδισμό, οι διδασκαλίες του Βούδα ή ο δρόμος προς τη φώτιση.

Εφέ παρατηρητή: στη κβαντική φυσική, το φαινόμενο στο οποίο η παρατήρηση ενός σωματιδίου επηρεάζει την κατάστασή του, προκαλώντας την κατάρρευση πολλαπλών πιθανοτήτων σε ένα μόνο αποτέλεσμα.

Εγώ: η κατασκευασμένη αίσθηση του εαυτού, που συχνά συνδέεται με τον διαχωρισμό και την προσκόλληση, η οποία μπορεί να κρύψει την αληθινή φύση ενός ατόμου στις πνευματικές παραδόσεις.

Συσχέτιση: στη κβαντική φυσική, φαινόμενο κατά το οποίο τα σωματίδια παραμένουν αλληλοσυνδεδεμένα, επηρεάζοντας αμοιβαία και ακαριαία τις καταστάσεις τους, ανεξάρτητα από την απόσταση.

Στερεότυπο: σταθερή και απλοϊκή πεποίθηση σχετικά με μια ομάδα που συχνά οδηγεί σε προκατάληψη και διαχωρισμό.

Εμπειρία κοντά στο θάνατο (EQM): βαθιά εμπειρία που αναφέρουν άτομα που έχουν βρεθεί κοντά στο θάνατο, συχνά περιλαμβάνει την αίσθηση ότι βγαίνουν από το σώμα τους, συναντούν ένα φως ή νιώθουν ενότητα.

Φιτνά: στον ισλαμισμό, μια δοκιμασία ή ένα τεστ που, όπως περιγράφεται στο Κοράνι, ενισχύει την πίστη και τον χαρακτήρα.

Γνώση: στον γνωστικισμό, είναι η άμεση και διαισθητική γνώση των πνευματικών αληθειών που οδηγεί στην απελευθέρωση από τον υλικό κόσμο.

Κβαντική αβεβαιότητα: στην κβαντική φυσική, η αρχή σύμφωνα με την οποία ορισμένες ιδιότητες (π.χ. θέση και ορμή) δεν μπορούν να μετρηθούν ταυτόχρονα με ακρίβεια, έτσι ώστε η μέτρηση της μιας να αλλάζει την άλλη.

Πρόθεση: στον βουδισμό, είναι η συνειδητή κινητοποίηση πίσω από μια πράξη, η οποία επηρεάζει το κάρμα και τα μελλοντικά αποτελέσματα.

Jannah: στον ισλαμισμό, ο παράδεισος, που περιγράφεται ως ένας κήπος αιώνιας ευτυχίας για τους δίκαιους.

Kalpa: στον ινδουισμό, ένας τεράστιος κοσμικός κύκλος χρόνου, που καλύπτει δισεκατομμύρια χρόνια, ο οποίος αντιπροσωπεύει τη διάρκεια της ύπαρξης ενός σύμπαντος.

Κάρμα: στον ινδουισμό και τον βουδισμό, η αρχή σύμφωνα με την οποία οι πράξεις και οι προθέσεις δημιουργούν συνέπειες, διαμορφώνοντας τις μελλοντικές εμπειρίες κατά τη διάρκεια των ζωών.

Ελεύθερη βούληση: η ικανότητα να κάνεις επιλογές ανεξάρτητες από καθοριστικές δυνάμεις, διαμορφώνοντας τις πράξεις και το πεπρωμένο κάποιου στο πλαίσιο του κάρμα ή των φυσικών νόμων.

Maya: στον ινδουισμό, είναι η ψευδαίσθηση που συσκοτίζει την πραγματική φύση της πραγματικότητας, οδηγώντας σε αντιλήψεις διαχωρισμού και δυαδικότητας.

Νους αρχάριου: βουδιστική έννοια που αναφέρεται στην προσέγγιση της ζωής με ανοιχτό μυαλό και περιέργεια, χωρίς προκαταλήψεις, με σκοπό την προώθηση της μάθησης και της ανάπτυξης.

Metta: στον βουδισμό, είναι η καλοπροαίρετη αγάπη, μια πρακτική καλλιέργειας της άνευ όρων συμπόνιας για τον εαυτό και τους άλλους.

Μικροσωληνάρια: μικρές κυτταρικές δομές που, σύμφωνα με ορισμένους επιστήμονες, παίζουν ρόλο σε κβαντικές διαδικασίες που ενδεχομένως συνδέονται με τη συνείδηση.

Moksha: στον ινδουισμό, είναι η απελευθέρωση από τον κύκλο της γέννησης και της αναγέννησης (samsara), που επιτυγχάνεται μέσω της αυτοπραγμάτωσης και της ένωσης με το θείο.

Νευρώνες-καθρέφτες: εγκεφαλικές κύτταρα που ενεργοποιούνται όταν παρατηρούμε τις ενέργειες ή τα συναισθήματα των άλλων, επιτρέποντας την ενσυναίσθηση και την κοινωνική σύνδεση.

Νιρβάνα: στον βουδισμό, είναι η τελική κατάσταση απελευθέρωσης από τον πόνο και τον κύκλο των αναγεννήσεων, που χαρακτηρίζεται από ειρήνη και τέλος της επιθυμίας.

Εξαρτώμενη προέλευση: στον βουδισμό, είναι η αρχή ότι όλα τα φαινόμενα προκύπτουν από αλληλένδετες αιτίες και συνθήκες, τονίζοντας την απουσία ενός σταθερού εαυτού.

Prarabdha karma: στον ινδουισμό, το μέρος του παρελθόντος κάρμα που εκδηλώνεται σήμερα, διαμορφώνοντας τις εμπειρίες της παρούσας ζωής.

Σκοπός: μια αίσθηση νοήματος ή κατεύθυνσης στη ζωή, συχνά συνδεδεμένη με την πνευματική ανάπτυξη και τη συμβολή στο γενικότερο καλό.

Δίκτυο τυπικής λειτουργίας: ενεργό εγκεφαλικό δίκτυο κατά τη διάρκεια σκέψεων που επικεντρώνονται στο εγώ, όπως ανησυχία ή στοχασμός, συχνά συνδεδεμένο με μοτίβα που καθοδηγούνται από το εγώ.

Ren και li: στον κομφουκιανισμό, το ren είναι ανθρωπιά ή καλοσύνη, και το li είναι η συμπεριφορά και το τελετουργικό που είναι κατάλληλα για τη διατήρηση της κοινωνικής αρμονίας.

Ευθύνη: κατάσταση ευθύνης για τις πράξεις και τις συνέπειές τους, που διαμορφώνουν τα προσωπικά και συλλογικά αποτελέσματα.

Samsara: στον ινδουισμό και τον βουδισμό, ο κύκλος της γέννησης, του θανάτου και της αναγέννησης, που καθοδηγείται από το κάρμα, από τον οποίο επιδιώκεται η απελευθέρωση.

Σαντσίτα κάρμα: στον ινδουισμό, το κάρμα που έχει συσσωρευτεί σε προηγούμενες ζωές και δεν έχει ακόμη εκδηλωθεί ως συνέπεια.

Υπηρεσία: αλτρουιστική πράξη βοήθειας προς τους άλλους, που θεωρείται στις πνευματικές παραδόσεις ως ένας τρόπος για τη μείωση του εγώ και την προώθηση της σύνδεσης.

Πόνος: στον Βουδισμό, είναι η εμπειρία του πόνου ή της δυσαρέσκειας που προκαλείται από την προσκόλληση σε παροδικά πράγματα και χρησιμεύει ως μάθημα για την πνευματική ανάπτυξη.

Σβαδγιάγια: στον Ινδουισμό, η πρακτική της αυτομελέτης ή της ενδοσκόπησης για την ευθυγράμμιση των σκέψεων και των πράξεων με την αλήθεια.

Svarga: στον ινδουισμό, ένα προσωρινό ουράνιο βασίλειο στο οποίο οι ψυχές απολαμβάνουν απολαύσεις βασισμένες σε καλές πράξεις, πριν επιστρέψουν στον κύκλο της αναγέννησης.

Ενότητα: πνευματική έννοια της αλληλοσύνδεσης όλης της ύπαρξης, στην οποία οι διακρίσεις μεταξύ του εαυτού και του άλλου διαλύονται.

Βιβλιογραφία

Allport, Gordon W. The Nature of Prejudice. Cambridge, MA: Addison-Wesley, 1954.

Aspect, Alain, Philippe Grangier, and Gérard Roger. "Experimental Tests of Realistic Local Theories via Bell's Theorem." Physical Review Letters 49, no. 2 (1982): 91–94.

Baldwin, James. Notes of a Native Son. Boston: Beacon Press, 1955.

Cameron, Jessica E., Sara Konrath, and Robert Furman. "The Neuroscience of Giving: Insights and Applications." Journal of Positive Psychology 14, no. 3 (2019): 345–57.

Dalai Lama and Howard Cutler. The Art of Happiness: A Handbook for Living. New York: Riverhead Books, 1998.

Dennett, Daniel C. Freedom Evolves. New York: Viking, 2003.

Frankl, Viktor E. Man's Search for Meaning. Translated by Ilse Lasch. Boston: Beacon Press, 2006.

Fredrickson, Barbara L. "Positive Emotions and Psychophysiological Resilience." American Psychologist 55, no. 1 (2000): 35–43.

Grey, Margot. The Near-Death Experience: A Reader. London: Routledge, 2009.

Jung, Carl G. Psychology and Alchemy. Translated by R. F. C. Hull. Princeton, NJ: Princeton University Press, 1968.

Levertov, Denise. The Stream & the Sapphire: Selected Poems on Religious Themes. New York: New Directions, 1997.

Merton, Thomas. New Seeds of Contemplation. New York: New Directions, 2007.

Nietzsche, Friedrich. Beyond Good and Evil: Prelude to a Philosophy of the Future. Translated by Walter Kaufmann. New York: Vintage Books, 1989.

Parnia, Sam, G. Byrne, L. Duncan, A. Fischer, and T. Schwaiger. "AWARE—AWAreness during REsuscitation—A Prospective Study." Resuscitation 85, no. 12 (2014): 1799–1805.

Ricard, Matthieu. Happiness: A Guide to Developing Life's Most Important Skill. New York: Little, Brown Spark, 2006.

Rilke, Rainer Maria. Letters to a Young Poet. Translated by M. D. Herter Norton. New York: W. W. Norton, 1993.

Siegel, Daniel J. The Developing Mind: How Relationships and the Brain Interact to Shape Who We Are. New York: Guilford Press, 2012.

Soyinka, Wole. The Man Died: Prison Notes. London: Rex Collings, 1972.

Taylor, Jill Bolte. My Stroke of Insight: A Brain Scientist's Personal Journey. New York: Viking, 2008.

The Bhagavad Gita. Translated by Eknath Easwaran. Tomales, CA: Nilgiri Press, 2007.

The Dhammapada. Translated by Gil Fronsdal. Boston: Shambhala, 2005.

The Gospel of Thomas. Translated by Marvin Meyer. San Francisco: HarperSanFrancisco, 2004.

The Guru Granth Sahib. Translated by Pashaura Singh. Oxford: Oxford University Press, 2019.

The Holy Bible: New International Version. Colorado Springs, CO: Biblica, 2011.

The Qur'an. Translated by M. A. S. Abdel Haleem. Oxford: Oxford University Press, 2004.

The Upanishads. Translated by Eknath Easwaran. Tomales, CA: Nilgiri Press, 2007.

Watts, Alan. The Wisdom of Insecurity: A Message for an Age of Anxiety. New York: Vintage Books, 2011.

Yoga Sutras of Patanjali. Translated by Swami Satchidananda. Buckingham, VA: Integral Yoga Publications, 2012.

Αίτημα αναθεώρησης βιβλίου

Αγαπητέ αναγνώστη,

Σας ευχαριστούμε που αγοράσατε αυτό το βιβλίο! Θα ήθελα πολύ να ακούσω νέα σας. Η συγγραφή μιας βιβλιοκριτικής μας βοηθά να κατανοήσουμε τους αναγνώστες μας και επηρεάζει επίσης τις αποφάσεις αγοράς άλλων αναγνωστών. Η γνώμη σας είναι σημαντική. Παρακαλώ γράψτε μια κριτική βιβλίου! Η καλοσύνη σας εκτιμάται πολύ!

Επίσης γραμμένο από τον συγγραφέα

1. Alien Worlds: Biology, Society, and Spirituality Beyond Earth
2. Average: The Trap of Mediocrity
3. Awakening the Inner Master: Rosicrucian Secrets to Wisdom and Inner Alchemy
4. Beyond the Surface: Finding Meaning in a Complex World
5. Broken to Blessed: Timeless Biblical Stories of Redemption and Hope
6. Children of the Stars: Humanity's Next Chapter
7. Decoding the Matrix: Finding Freedom in a Fabricated Reality
8. Defiant Presence: Claiming Your Soul in the Midst of Mayhem

9. Embrace the Sting: Transforming Envy into Empowerment
10. Golden Dawn: The Alchemist's Guide to Inner Wisdom and Ritual Magic
11. Hidden Hooks: How Stories Snare Our Minds and Move Our World
12. Is Reality Real? Exploring the Mysteries of Physics and Philosophy
13. Masonic Keys: Unlocking Life's Design
14. Mind Unlocked: The CIA's Secret Guide to Shaping Reality
15. Scientology: Core Beliefs, Controversies, and the Quest for Clarity
16. Starborn Legacy: Humanity's Ancient Connection to Interstellar Life
17. Starfed: Alien Wisdom for Vibrant Living
18. Starlit Paths: Lessons from Beyond for Humanity's Rise
19. The Aligned Self: Integrating Ancient Chakra Wisdom into Modern Life
20. The Exorcist's Secret: How to Find Peace in a World of Unseen Conflict

21. The Hidden Kingdom: Jesus' Wisdom for a Transformed Life
22. The Madness We Inherit: Confronting the Lies That Shape Our Lives
23. The Manifestation Blueprint: Create the Life You Deserve
24. The New Human: Evolving with Alien Wisdom
25. The Serpent's Gift: How Forbidden Knowledge Shaped Our Destiny
26. The Starseed Path: Embracing Your Cosmic Identity
27. The Viking Spirit: Embracing Life with Courage and Resilience
28. Treacherous Smiles: The Dark Art of Hidden Betrayal
29. When the Mask Falls: The Truth About Who We Really Are
30. Who Am I, Truly?: Answering the Soul's Deepest Question on the Sufi Path

Σχετικά με τον εκδότη

Το βιβλίο αυτό εκδόθηκε από την 22 Lions Publishing.

www.22Lions.com

www.ingramcontent.com/pod-product-compliance
Lightning Source LLC
LaVergne TN
LVHW051111051026
849532LV00004BB/1506